品味数学

遇见数学之美

谢永红 著

图书在版编目（CIP）数据

品味数学：遇见数学之美 / 谢永红著．—北京：北京师范大学出版社，2024.6
ISBN 978-7-303-29685-9

Ⅰ．①品… Ⅱ．①谢… Ⅲ．①数学－青少年读物
Ⅳ．①O1-49

中国版本图书馆 CIP 数据核字（2023）第 253777 号

营销中心电话 010-58806212
少儿教育分社 010-58806648

PINWEI SHUXUE：YUJIAN SHUXUE ZHI MEI
出版发行：北京师范大学出版社 www.bnupg.com
北京市西城区新街口外大街 12-3 号
邮政编码：100088
印 刷：北京溢漾印刷有限公司
经 销：全国新华书店
开 本：710 mm×1000 mm 1/16
印 张：13.75
字 数：160 千字
版 次：2024 年 6 月第 1 版
印 次：2024 年 6 月第 1 次印刷
定 价：45.00 元

策划编辑：谢 影　　责任编辑：马力敏
美术编辑：袁 麟　　装帧设计：天丰晶通
责任校对：陈 荟　　责任印制：李汝星

序

数学之美，数学之趣

1983年9月，100多名来自全国各地的同学进入北大数学系学习，其中就有我和谢永红同学。今年10月，我们要举办入学40周年的庆祝活动。筹办准备过程中，我和谢同学有多次交流。其间，他谈到了他的新书《品味数学：遇见数学之美》，这是他的畅销书《爸爸教的数学》姊妹篇，希望我能再为他的新书写序。我欣然接受了40年的老朋友的邀请。

1978年著名作家徐迟写的报告文学《哥德巴赫猜想》在《人民日报》上发表，在全国引起极其热烈的反响，各地报纸、广播电台纷纷全文转载和连续广播。我们上大学之前，全国人民都知道了数学家陈景润的故事和哥德巴赫猜想。哥德巴赫猜想的原始表述为：任意一个大于2的整数都可写成三个质数之和。现今数学界已经不使用“1也是质数”这个约定，哥德巴赫猜想的现代陈述为：任意一个大于5的整数都可写成三个质数之和。其实到目前，哥德巴赫猜想也还没有得到彻底解决，但是陈景润把这个问题推进到“1+2”阶段，终极目标是“1+1”。

质数，也称素数。谢同学在他的新书里，特别讲到了“质数不孤单”。例如，17和19，就是一对孪生质数。在数论领域，除了哥德巴赫猜想，还

有一个著名的孪生质数猜想，由数学家希尔伯特提出，可以表述为：存在无穷多个质数p，使得$p+2$是质数。2013年4月，北大数学系1978级的师兄张益唐在《数学年刊》上发表《质数间的有界间隔》，证明了存在无穷多对质数间隙都小于7 000万，从而在孪生质数猜想这一数论重大难题上取得重要突破。数学家张益唐把间隙从无穷大缩小到7 000万。后来有多名数学家，在他的基础上，把这个间隔进一步缩小到1 000。也许在不久的将来，数学家们可以把这个间隙从1 000推进到终极目标2。

一般人要去证明哥德巴赫猜想或者孪生质数猜想几乎是不可能的，即使要读懂也是很困难的，但是可以去欣赏数学的美。

我还记得在上大学的时候，授课老师有时在讲台上对着黑板上满满的数学符号，作“花痴”状，并感慨：“你看，数学，这么美！”

确实，数学是美的，也是有趣的。

但是，很多人会觉得数学太难了，哪里美啊，哪里有趣啊？

在谢同学的这本新书里，他用一个个生活中的生动的故事，让你领略数学的美、数学的有趣。相信，通过这本书，你会改变对数学难、数学乏味的刻板印象，并让你由此爱上数学。

“我为什么要爱数学啊？”这个问题提得好。因为数学是一门通用学科，是一切科学的基础。科学是对我们客观世界的认知，而数学则提供了解决问题的通用方法。以我自己为例，我现在从事的是计算机人工智能的科研教学工作，不管是深度学习、机器学习、神经网络、大模型等，深挖下去，这些技术的基础，都是数学。

道理虽然是这么说，但是要爱上数学一定要发现数学的有趣。常言说，兴趣是最好的老师。一方面，要培养对数学的兴趣；另一方面，要挖掘数学的趣味性。谢同学在这本新书里讲述了一个个生动有趣的数学故事，娓娓道来，令人不忍释卷。

这本书主要面向的是初中和高中的学生，这个时间点正是建立长期兴趣的关键时期。在这个时间培养起来的兴趣，会大概率地影响你的一生。不管将来是否从事数学领域的工作，数学训练都会对你终身有益。让数学护佑、陪伴你的一生！

郭宗明

北京大学王选计算机研究所

2023年8月

自序

这本书是《爸爸教的数学》一书的续集。前一本书是讲给小学高年级、初中低年级孩子的趣味数学，是我和女儿的成长记录。而这一本则是献给初中高年级学生、高中生的趣味数学成长伴随读物，是我和女儿的成长记录的延续。

孩子们成长的过程是他们视野不断开阔的过程，吸收的知识越多，越有必要让孩子们了解知识最初的样子，走一遍再发现的过程。一个问题的提出就是一段知识探险的开始。科学发展的真实过程要比教科书上展示的完美结果有趣得多。科学家们也是普通人，也会有喜怒哀乐，也会受各种约束，也会犯看上去可笑的错误。这个追寻知识、追求真理的过程，应用知识解决实际问题的快乐，是我们普通教育中缺少的部分。我希望本书中有趣的问题、鲜活的思考探究的过程，能点燃读者科学探索的激情。想要创新，首先要了解历史上发生过的那些伟大创新的真实发展过程。

本书一共有13节，每一节讲述了一个或者几个有趣的数学故事，阅读性很强，理解起来也很容易，其中的数学思维方法和数学哲学思考会对孩子们的未来学习产生一定的影响。我在分析、解读的过程有时候会使用

品味数学：遇见数学之美

高等数学的某些符号，涉及几何、代数和分析的一些内容，看上去有点儿唬人，实际上其中的逻辑和推断，只需要中学知识就完全能理解。13节里的每个故事都很有针对性。

- 金字塔里面发现的神秘数字原来是$\frac{1}{7}$的循环节，我们还一起发现了其他的神秘数字。神秘数字并没有那么神秘，外太空文明也是可以被研究的。
- 在无穷的世界里，随机胡乱敲打键盘的猴子，也会写出伟大的文学作品吗？罕见的事情并不是不会发生，不可能的事情就这样真切地发生了。
- 拼凑是数学家们经常使用的技巧和工具，一个看似无解的问题，需要我们挖掘出没有交代的、隐藏的已知条件，创造性地解决问题。这一节我们是从男孩子喜欢的刀剑开始讲起的。
- 每天的点滴进步需要明确我们的目标和路径，人类社会不存在没有约束的直线发展。
- 地球自转，我们是可以用日常的工具来证明的。有些可能出乎你的预料，比如长时间曝光拍摄夜空。你知道夜空的星星是顺时针转动，还是逆时针转动的吗？
- 测量星球，古人数千年之前就开始了，使用的知识是三角几何。到16世纪有了望远镜，测量就比较精密了。
- 人类的直觉和事实之间常常会有偏差，严谨的数学计算还是很有必要的。你能想象如何给地球系上一条腰带吗？把这条腰带提起来，会有多大的缝隙？

- 质数没有因数，但是它可以有孪生兄弟，所以质数也不孤独。最孤独的估计是解决哥德巴赫猜想的数学家们，到今天哥德巴赫猜想还没有得到解决。
- 尺规作图的三大难题你肯定听说过，说不定还尝试过，但是你不一定知道它们的故事是多么有趣，主人公的烦恼又是多么接地气。
- 数学思维是一个很难被简单定义的概念，不一样就对了。我一直记得初中几何老师的教导"辅助线，那就是无中生有！"
- 自然常数的出现其实一点儿都不自然，一直到有微积分的时候才看出来它的自然性。
- 积木游戏其实是高深的调和级数求和游戏。积木居然可以外延无穷远，完全不能想象，然而又是百分百的数学真实。这里你可以感受高等数学的强大和奇妙。
- 更强大的是冰雹数列，数字上下乱窜，可上九天揽月，还可下五洋捉鳖，可还是得服服帖帖回到1。

这本书的写作完成于新冠疫情防控期间，也就是因为那段时间常常在家工作，相对而言自由度较大，才使得我有机会重新捡起闲置许久的纸和笔，对一些有趣的数学问题做一点儿研究。

数学一定是有趣的，我们还有很多有趣的数学话题可以在未来讲，比如说混沌、熵、无限长的边长而面积有限的图形、面积无限而体积有限的容器、处处连续处处不可导的函数、频率域分析、分数维度等。课外读物不能替代课本，毕竟所涉及知识并无系统性，但它如同一个放大器，放大孩子们学习的兴趣，放大孩子们探索知识的动力。一个被动灌输知识的学生和一个主动追求知识的学生，他们的学习效果会有天壤之别。兴趣才是学习的永动机，我从来没有见过对追求知识毫无兴趣、毫无动力的人能成为成功的科学家。

希望孩子们喜欢这本书，喜欢知识，追求真理，成就人生。

人生苦短，唯有真知永存！

谢永红

中国荷兰洞察电视副总裁

北京石油化工学院人工智能研究院兼职教授

2024年1月

目 录

1. 外星人

——金字塔里面发现的神秘数字，包含不可思议的宇宙秘密

妞妞这段时间都在家里上网课。这天爸爸回家后，妞妞很兴奋地告诉爸爸，她今天看到了一段神奇的小视频：人们在埃及金字塔（图1）发现了一组神秘的数字，用任何数字来乘，都会得到循环的数字结果。还没等爸爸明白妞妞在说什么，她就急切地拉着爸爸到书桌边，在演算本上写下了一列算式。

$142\,857 \times 2 = 285\,714$；

$142\,857 \times 3 = 428\,571$；

$142\,857 \times 4 = 285\,714 \times 2 = 571\,428$；

$142\,857 \times 5 = 142\,857 \times 2 + 142\,857 \times 3 = 285\,714 + 428\,571 = 714\,285$；

$142\,857 \times 6 = 142\,857 \times 3 \times 2 = 428\,571 \times 2 = 857\,142$；

$142\,857 \times 7 = 142\,857 \times 2 + 142\,857 \times 5 = 285\,714 + 714\,285 = 999\,999$。

“神奇不神奇？”妞妞有些激动，“怎么计算都没有离开数字串142 857，除了头尾变化，数字的顺序都没变。这是为什么呢？”

图1　埃及金字塔

“噢，原来是神秘的7啊！”爸爸记得曾经看过相关的科普文章，有一些趣味数学的课外读物也有关于7这个数字的研究，描述$\frac{1}{7}$的循环节的一些独特性质。于是爸爸在妞妞的演算本上写下了10个分数的小数表达式。

$\frac{1}{7}=0.142\,857\,142\,857\,14\cdots$

$\frac{2}{7}=0.285\,714\,285\,714\,28\cdots$

$\frac{3}{7}=0.428\,571\,428\,571\,42\cdots$

$\frac{4}{7}=0.571\,428\,571\,428\,57\cdots$

$\frac{5}{7}=0.714\ 285\ 714\ 285\ 71\cdots$

$\frac{6}{7}=0.857\ 142\ 857\ 142\ 85\cdots$

$\frac{7}{7}=1.000\ 000\ 000\ 000\ 00\cdots$

$\frac{8}{7}=1.142\ 857\ 142\ 857\ 14\cdots$

$\frac{9}{7}=1.285\ 714\ 285\ 714\ 28\cdots$

$\frac{10}{7}=1.428\ 571\ 428\ 571\ 42\cdots$

“除$\frac{7}{7}$以外，其他都是无限循环小数，142 857是$\frac{1}{7}$的循环节，恰好是六位数，用小于7 的6个自然数相乘，刚好循环出现。这种现象并不奇怪，我们还可以找出类似的数字，如588 235 294 117 647。”爸爸在纸上写下了一长串数字（表1）。

表1

1	588 235 294 117 647
2	1 176 470 588 235 294
3	1 764 705 882 352 941
4	2 352 941 176 470 588
5	2 941 176 470 588 235
6	3 529 411 764 705 882
7	4 117 647 058 823 529
8	4 705 882 352 941 176

续表

9	5 294 117 647 058 823
10	5 882 352 941 176 470
11	6 470 588 235 294 117
12	7 058 823 529 411 764
13	7 647 058 823 529 411
14	8 235 294 117 647 058
15	8 823 529 411 764 705
16	9 411 764 705 882 352
17	9 999 999 999 999 999

“它的某些倍数也是由这些数字的循环构成的，这里我们可以假定在最高位有一个0，也就是在588之前有一个0，一共是16位数字的循环。”

妞妞瞪大眼睛，仔细检查这些巨大的数字，嘴里轻声念着这些神秘的数字。

“真的啊！这些数字确实是在循环，也没有新的数字串出现。”妞妞想了一会儿，“我猜每一个质数的倒数的循环节长度是这个质数值减1，这是$\frac{1}{17}$的循环节吧！”

“对！确实是$\frac{1}{17}$的循环节。妞妞的观察力一流！关于质数的倒数的循环节长度的猜想非常有意思，确实有很多你说的这种情况。比如，$\frac{1}{19}$的循环节就是18位，$\frac{1}{29}$的循环节就是28位。不过也有很多不是你说的这样的情况，如$\frac{1}{13}$=0.076 923 076 923 076 92…，$\frac{2}{13}$=0.153 846 153 846 153 84…，$\frac{1}{13}$的循环节是6位。或许你可以深入研究一下质数的倒数的循环节长度规律，写出一篇小论文来。”

“这篇小论文我应该可以写出来。”妞妞觉得罗列一下质数的倒数的循环节，甚至质数乘积的倒数的循环节，找出其中的某些规律应该是一件非常有趣且不会太困难的事情。

“爸爸希望成为你的论文的第一个读者哦！”爸爸很高兴，接着说：“有理数的分数形式一定可以由一个无限循环小数来表示，对吧？无限循环节经常具有这样的性质，就是它的倍数由循环节内的数字循环组成。这种循环是因为有同样的除数和被除数。在循环节中找到一个这样的数并不那么难，只不过大多数质数的循环节都很长，一般的计算器可能不够用。爸爸找这个15位的整数，也是试了好几个质数为分母的分数循环节才找到的。”

“那这好像也没什么神奇的！”妞妞有点儿泄气，“我还以为这是外星人留下的秘密呢！”

“外星人，也就是宇宙中的外星文明，不一定用十进制啊！我猜如果他们的手长着四根指头，他们会使用八进制。我们还没有确切的证据证明外星人来过，目前所有外星人来过地球的说法还只是猜测。外星文明是一个更复杂且还没有解开的谜。”（图2）

“那飞碟不就是外星人的吗？”看来妞妞没少看这类书籍。

“确实有许多关于飞碟的记录和分析报告，但是从严格的科学意义上来讲，我们不能得出飞碟就是外星人的这样的结论。经过科学分析，很多飞碟事件只是一些自然界的光学现象，或者根本就是人为假造的。外星文

图2　飞碟

明到地球是一个低概率事件。”爸爸小的时候最喜欢的杂志就是《飞碟探索》，对外星文明可着迷了，相信这是孩子们永远的热门话题。

“什么是低概率事件呢？为什么外星人到地球是低概率事件呢？”

“就是发生的可能性非常低，是几乎不可能发生的事情。”爸爸在纸上写了一个奇怪的公式（图3）。

德雷克方程：$N=R_x\times f_p\times n_e\times f_l\times f_i\times f_c\times L$。

“这个公式叫德雷克方程，是用来计算可能与地球接触的银河系中可

$$N=R_x \times f_p \times n_e \times f_l \times f_i \times f_c \times L$$

N= 银河系中可探测到的发射电磁信号的文明数量

R_x= 适合智慧生命发展的恒星形成的速率

f_p= 带有行星系统的恒星的比例

n_e= 每个恒星系中存在的环境适合生命生长的行星数量

f_l= 确实出现生命的行星的比例

f_i= 出现生命的行星中发展出智慧生命的比例

f_c= 发展出技术且能发射可探测的信号的文明的比例

L= 这类文明向太空发射可探测信号的时间长度

图3　德雷克方程

探测到的发射电磁信号的文明数量（N）。这里的接触是指通过无线电波进行通信，也就是所谓探测到对方的电磁信号。德雷克方程的七个变量分别为：第一，适合智慧生命发展的恒星形成的速率（R_x）。比如，太阳的年龄大约为45.7亿年，太大或者太小都不适合为生命诞生和发展提供条件。银河系中每1亿年会有多少颗类似太阳这样的恒星诞生呢？第二，带有行星系统的恒星的比例（f_p），或者说恒星带有行星的概率。很多恒星是没有行星围绕的，而恒星本身是完全不可能诞生生命或者有生命存在的，因为它太炽热了。所有行星也不是都适合生命的，离恒星太近了可能太热，离太远了又可能太冷。第三，每个恒星系中存在的环境适合生命生长的行星数量（n_e）。太阳系的行星中，只有地球不远不近离太阳的距离刚好。火星、木星、土星等离太阳太远了，表面温度太低，而且越远越可能是气态星球；而水星、金星离太阳太近了，表面温度太高，也不利于生命产生。一个恒星系是有可能有多于一颗行星适宜于生命的诞生和发展的，只是到目前为止我们还没有发现除地球之外的任何一个。第四，确实出现生命的行星的比例（f_l）。行星的密度、尺寸大小、自转周期、空气和水等也非常重要，这就是确实出现生命的行星的比例，也就是行星生命诞生的概率。第五，出现生命的行星中发展出智慧生命的比例（f_i）。生命的诞生不一定会发展成为智慧生命。科学家们相信，地球智慧生命的发展存在许多偶然因素。这就是出现生命的行星中发展出智慧生命的比例，或者说该生命进化成智慧生命的概率。第六，发展出技术且能发射可探测的信号的文明的比例（f_c）。细菌也是生命，但是细菌不可能有大脑、会思考、有智慧，或许有的行星上的生命就止步于某个低等级的生命形态。光有智慧还不够，还需要发展科技，并达到一个相当高的水平。我们地球目前的科技水平不算低，但是我们在星际通信技术方面还很弱，跨光年距离的通信还不可能实现。换句话说，我们目前的技术在离开地球一光年的距离上是无法探测到地球发出的任何信号的。据说要能使用一颗中等恒星的辐射功率来通信，才算是基本掌握了星际通信技术。这就是发展出技术且能发射可探测的信号的文明的比例，或者说是拥有与其他星球进行通信的技术的概率。第七，这类文明向太空发射可探测信号的时间长度（L）。这并不是说这类文明持续向外太空发射一个信号的时间，而是指该高度发展的文明能够持续存在的时间。比如，这个星球的高等级文明持续存在了一百万年，在这一百万年的时间里，他们出于多种目的，不断地向外太空发射过多次信号，那么L就等于一百万年。”

“那计算结果呢？”妞妞好像不愿意深究这个公式里面复杂的逻辑。

“其实其中有一些是没有确切数值的，只能估计。比如，一个文明能够存在的时间L，我们就没有确切的数值。地球文明是我们知道的唯一文明，它的发展远没有到尽头，实际上关于它的起点我们也有多种计算方法。f_c也不知道，因为我们还没有掌握星际通信技术，不知道一个文明需要进化多长时间，在什么条件下能够达到这个高度。即便是这样，科学家们还是大致估计外星文明应该在每十万个恒星系中出现1个，每一百万个恒星系中有1个高度发达的外星文明。”

“银河系有1 000亿颗恒星，宇宙有1 000亿个银河系。每一百万个恒星系中就有1个高度发达的外星文明，那不是挺多的吗？”

“是的。如果这个公式正确，那么银河系中约有10万个高度发达的外星文明，不算少。但是恒星彼此之间相距太远，比如，离太阳系最近的恒星距离太阳系大约4.3光年，也就是光线、电磁波都需要走4年多才能到达。我们的宇宙飞船以目前的技术水平，即便可以成行，也需要数万年才能到达离太阳系最近的星系。要知道人类有文字记录的历史还不够1万年。根据恒星在太空分布的平均密度计算下来，高度发达的文明星球之间的平均距离大约是35光年。我们知道宇宙中的最快速度是光速，而以目前的科技水平，还无法想象把哪怕是微量物质加速到接近光速的速度。对于宇宙飞船交通，我们还无法想象，但是肯定不是一件容易和简单的事情。行星本身体积小又不发光，在宇宙中很不容易被发现。如果对方是高

图4　星空与射电望远镜

度发达的外星文明，他们也可能对地球这样的落后文明毫无兴趣。即便有兴趣，电磁波的频率宽泛，我们也不知道对方会在哪个频率、什么时间和我们通信，抑或他们还发展出更先进、更迅捷的通信方式甚至是交通方式，而我们完全不知道、不能感知、无法接收。所以距离阻隔、频谱阻隔还有生命形态差异等，使得外星人访问地球的可能性很低，甚至与地球之间的电磁波进行有效交流的可能性都很小。”

“电视上讲的‘中国天眼’，是不是就为接收外星人的电波啊？”

“是啊！这是一个直径500米的地球上最大的单口径射电望远镜，能灵敏接收来自宇宙的各种电磁波信号，这也是我们中国对人类宇宙探索的贡献。当然，其他国家在射电望远镜上也有贡献（图4）。类似的还有韦伯空间望远镜，它直接安装在外太空，避免了地球电磁波和大气电离层的干扰和影响，可以清晰地看到更遥远的宇宙细节。”（图5）

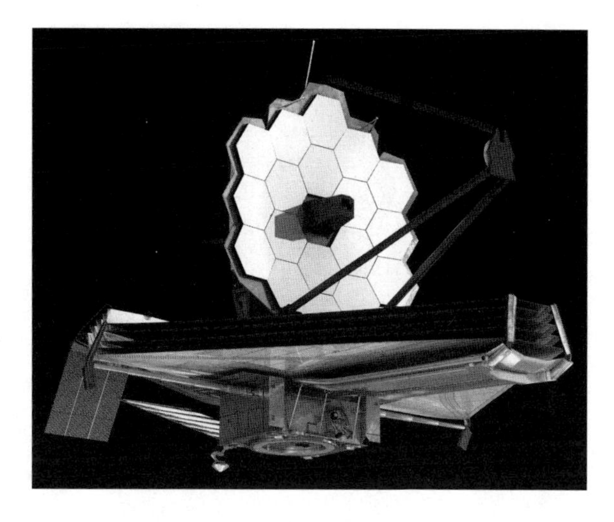

图5　韦伯空间望远镜

“如果我们真的在地球上见到了外星人，我们应该怎样和他们对话呢？”

“如果外星人到了地球，见到了地球人的生活和科技水平，他们应该很容易找到方法和我们进行交流，因为他们的科技水平应该是远远高于我们的，对吧？不然他们到不了地球。不同文明的差异会很大，如不同的法律制度、不同的伦理等，但我相信数学语言应该是宇宙一致的语言，如1+1＝2、勾股定理等。数学是可以跨越不同文明的语言。”

爸爸在计算机上找出来一张照片，是旅行者号携带的特制唱片。

“看看我们给外星文明准备的礼物。20世纪70年代，美国曾向太空发射两艘太空探测器——旅行者1号和旅行者2号。它们都携带了一张特制唱片，据说可以保证10亿年不坏。唱片上记录有55种语言的问候语，包括贝多芬音乐、中国古琴在内的90分钟音乐，100多张包括太阳系、长城、人类男女、动植物等的图片等。所有这些内容都用二进制数字的方式存储，并带有读取设备。”（图6）

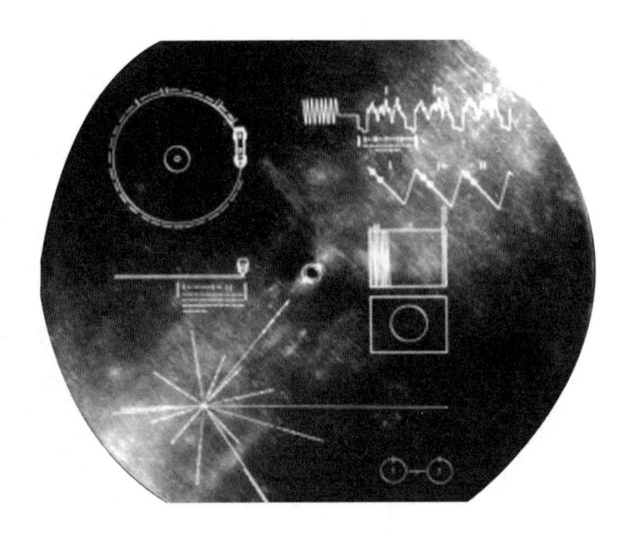

图6　旅行者1号携带的特制唱片

“这都是什么呀？”妞妞对这些图案颇为不解。

“从右下开始顺时针往上看，小眼镜图案描述的是宇宙中含量最多的氢元素的原子的结构和状态。第二个放射状的图是中心位置的太阳和已知的14颗脉冲星的位置及二进制表示的脉冲信号周期。再往上用一根横线和一个‘1’、两个‘0’组成的二进制数字来表示唱片的大小、播放周期和播放时间。之后的圆形代表唱片正视图和唱片播放的方法。带金刚石留声机针的唱机就在唱片边上。它包括了从左向右排列在右上方的12个符号，它们分别代表唱片中每个音符的起始点和终止点以及与之对应的频率值。每个符号由三个不同长度的字母组成。后面的两个图代表采用了声音和图片编解码的格式。图像的每个像素对应着一个二进制数字，像素按照一定的行列数从左向右排列，最后形成一张图像，第一张图为圆形，可以用来校正。和唱片一起，还有一张高纯度的铀238金属片，这是为了让获

得者确认探测器升空的时间。因为铀238的半衰期超过40亿年，可以根据其半衰期反推探测器升空的时间。”（图7）

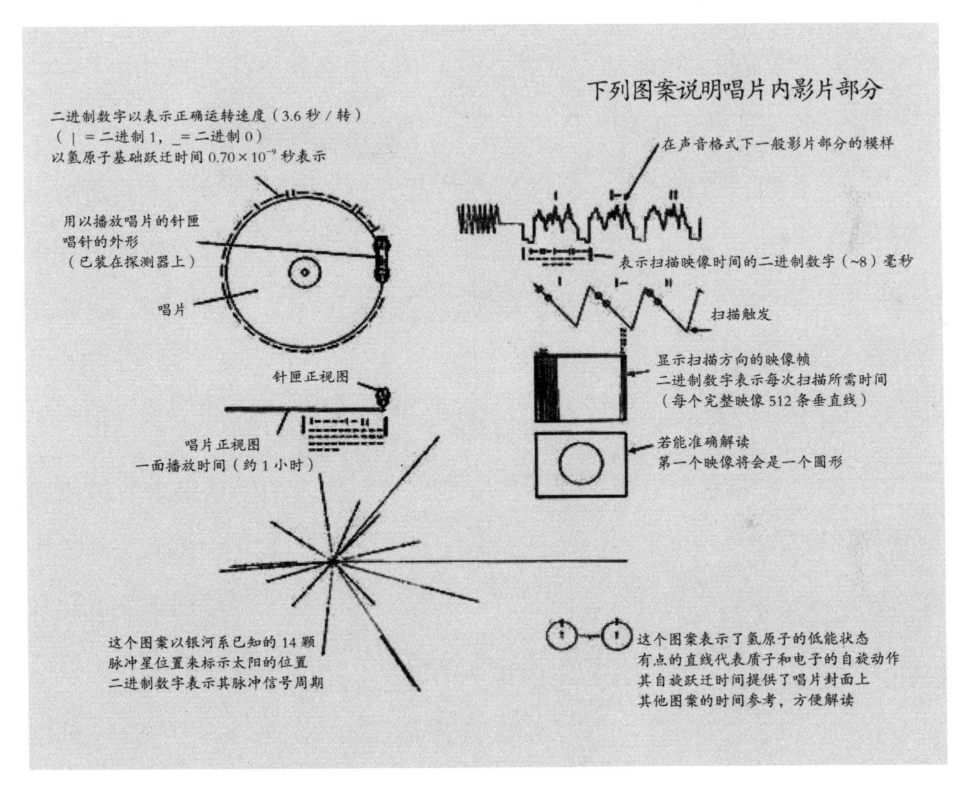

图7　图解唱片封面图案

“那外星人能看得懂吗？”妞妞觉得这个图挺复杂的。“我们为什么不写一些数学公式给外星人看呢？比如，勾股定理和 π 的值。”

“我们沟通的目的是希望外星文明能了解地球文明的一些信息，数学公式肯定是一样的，所以写上去意义不大。如果他们的文明水平和我们相似，应该可以理解；如果比我们高级，就更不用说了。只是现在很多未来学家，包括一些科学家，都认为我们不应该主动泄露地球文明的信息，因为这可能会招来不可预料的后果。他们认为宇宙中的其他文明并不一定友好，丛林法则可能就是宇宙的根本法则。所谓丛林法则是说高等级的文明消灭低等级的文明，就跟动物世界里狼吃羊一样不需要特别的理由。”

“这样说来，我们地球人不是很危险了吗？”

“也不是啦！宇宙太大，空间探测器太小，每秒不到20千米的速度也太慢，到今天也没有飞出太阳系。太阳系的半径约为2光年，所以估计探测器3万、4万年之后才会飞离太阳系。探测器被外星文明发现，地球遭受外星文明攻击是低概率事件。”

“外星人的科技能发达到什么地步呢？”妞妞还是很好奇。

“我们没有到那个发达程度，其实难以想象比我们发达得多的科技到底是什么样子的。不过有未来学家根据能量获取、使用的方法、来源差异，对科技和文明发展等级做了一个三阶段定义。第一阶段是使用本行星范围的能量，第二阶段是使用本恒星系的能量，第三阶段是使用全银河星系的能量。以这个标准衡量，今天的地球还远远没有充分利用地球能量，大概也就处于第一阶段的0.73左右的位置。”

“这好像很有道理！”妞妞说，“不过这可能需要好多万年，人类才能到达第三阶段。”

“也有很多人相信，外星人已经到过地球，因为地球上有许多不好解释的事情，如果归因于高度发达的外星文明，就很好解释。比如，不明飞行物（Unidentified Flying Object, UFO）事件、阿纳斯拉巨石、黎巴嫩巴勒贝克巨石等。”爸爸给妞妞看了两张照片（图8、图9）。

图8　阿纳斯拉巨石

图9　黎巴嫩巴勒贝克巨石

“这么大的巨石，我们现代人都很难加工，古代人更没有这个能力。看来确实是特别先进的文明在地球上留下的印记。”妞妞想了想，“他们既然能来地球，应该至少是第三阶段的文明了。”

“有道理，我们太阳系里面不太可能还有地球之外的先进文明，他们应该至少是第三阶段的文明。”

“爸爸，我们什么时候可以去看看这些巨石呢？还有金字塔。”

“等你上大学后，我们在你的第一个暑假去，怎么样？”

2. 不可能的事

——无限世界里猴子不睡觉，也可以写出莎士比亚的著作

妞妞新认识了一个打网球的小伙伴，她家刚搬到我们小区，她们两个经常周末约着一起打球。小伙伴一来，爸爸就轻松多了，不用硬挺着给妞妞做陪练了。两个人的水平半斤八两，打球不为提高技术水平，出汗才是关键。

这个周末天气很好，两人说要打球打到极限，谁也不许先说累，谁先退出谁买冰棍。两人你来我往打了两个多小时，小脸通红，汗出如浆，最后两人都打不动了，还是爸爸买冰棍。看来无极限打球是个不可能完成的任务。

回到家，妞妞洗澡换衣物，等到坐下来，已经是下午四点多了。妞妞还是放不下上回外星人的话题。

“爸爸，你说外星人的数学也会有 π 吗？”妞妞说。

“当然有，而且必须有。爸爸不是说过数学是宇宙通用的语言吗？外星人可能使用不同的数学符号、不同的进制，但是圆的周长和直径之比是一个固定数，没有单位，而且是一个无理数，这一点不会因为星球的不同而发生变化。”

“那么它也会是一个无限不循环小数吗？”

“是的，只要转化成十进制，它的值应该和我们所计算出来的一样。我们常常见到的常数，如π，e等，并不是人类构造出来的。常数像是大自然的一个秘密，只不过被数学家、科学家发现了而已。”

“那数学家只是在发现隐藏的数学秘密吗？”

“这个问题挺难回答，它是一个哲学高度的难题。将来你接触数学多了，可能会有自己的答案。我觉得既有秘密的发现，也必须有全新的创造，尤其是概念和工具的创新。如果没有伽罗瓦创立群论，今天的数学家也谈不上发现各种群的特征和广泛应用群。”

妞妞点点头。

“不知道你有没有注意到一个有趣的现象，就是所有的科幻影片，甚至像《哈利·波特》《西游记》这样的文学作品，里面的人可以飞翔、隐身、搬动大山、抗击导弹袭击、合成巨大的能量块、预知未来等，好像所有的物理、化学规律都可以被打破一样，但是里面的数学规律却没有一个被打破过，对不对？任何时候、任何状态下一加一还是等于二，你想想是不是这样？”

“确实是这样！这也是一件不可能发生的事情，数学不可颠覆，物理可以戏说！”妞妞觉得很好玩。

“那我们就来谈谈无理数π。无限循环小数相对还是比较简单的。无限不循环小数，也就是无理数，那才是真正的复杂。如果我说无理数π小数点后面的数字串里面有地球上所有人的生日，你信不信？”（图1）

“不信，哪有这么巧啊？地球上所有人的生日？”妞妞恨不得马上宣布这又是一件不可能的事情，但考虑到爸爸的语气，不妨等一等再说。

爸爸记得北大数院人的公众号刚好有这个游戏，于是打开手机。“你想知道谁的生日在 π 中的位置吗？我们立即就可以找到答案。”

“你看看钱小贝的生日20080808，她刚好是北京奥运会开幕那天出生的。”小贝是我们邻居家的小孩儿，非常可爱。

北大数院人的公众号很快回答：你的生日“20080808”出现在 π 的第129 003 819位。

“真的有啊！看看爸爸的生日和我的生日！”

很快两人知道爸爸的生日排在第181 538 862位，妞妞的生日排在第22 455 142位，网球小伙伴的生日出现在第90 714 876位。妞妞表现出一脸不可思议的样子。

2096282925409171536436789259036001133053054882046652138414695194151160943305727036575959195309218611738193261
7931051185480744623799627495673518857527248912279381830119491298336733624406566430860213949463952247371907021
9860943702770539217176293176752384674818467669405132000568127145263560827785771342757789609173637178721468440
0122495343014654958537105079227968925892354201995611212902196086403441815981362977477130996051870721134999999
3729780499510597317328160963185950244594553469083026425223082533446850352619311881710100031378387528865875332
8381420617177669147303598253490428755468731159562863882353787593751957781857780532171226806613001927876611195
0921642019893809525720106548586327886593615338182796823030195203530185296899577362259941389124972177528347913
5155748572424541506959508295331168617278558890750983817546374649393192550604009277016711390098488240128583616
3563707660104710181942955596198946767837449448255379774726847104047534646208046684259069491293313677028989152
0475216205696602405803815019351125338243003558764024749647326391419927260426992279678235478163600934172164121
9245863150302861829745557067498385054945885869269956909272107975093029553211653449872027559602364806654991198
1834797753566369807426542527862551818417574672890977772793800081647060016145249192173217214772350141441973568
4816136115735255213347574184946843852332390739414333454776241686251898356948556209921922218427255025425688767
7904946016534668049886272327917860857843838279679766814541009538837863609506800642251252051173929848960841284
8626945604241965285022210661186306744278622039194945047123713786960956364371917287467764657573962413890865832
4599581339047802759009946576407895126946839835259570982582262052248940772671947826848260147699090264013639443
4553050682034962524517493996514314298091906592509372216964615157098583874105978859597729754989301617539284681
8268683868942774155991855925245953959431049972524680845987273644469584865383673622262609912460805124388439045
4413654976278079771569143599770012961608944169486855584840635342207222582848864815845602850601684273945226746
6788952521385225499546666727823986456596116354886230577456498035593634568174324112515076069479451096596094025
8879710893145669136867228748940560101503308617928680920874760917824938589009714909675985261365549781893129784
2168299894872265880485756401427047755513237964145152374623436454285844479526586782105114135473573952311342716
1021359695362314429524849371871101457654035902799344037420073105785390621983874478084784896833214457138687519
3506430218453191048481005370614680674919278191197939952061419663428754440643745123718192179998391015919561814
7514269123974894090718649423196156794520809514655022523160388193014209376213785595663893778708303906979207734
7221825625996615014215030680384477345492026054146659252014974428507325186660021324340881907104863317346496514
3905796268561005508106658796998163574736384052571459102897064140110971206280439039759515677157700420337869936
0723055876317635942187312514712053292819182618612586732157919841484882916447060957527069572209175671167229109
1690915280173506712748583222871835209353965725121083579151369882091444210067510334671103141267111369908658516
9831501970165151168517143765761835155650884909989859982387345528331635507647918535893226185489632132933089857
6420467525907091548141654985946163718027098199430992448895757128289059232332609729971208443357326548938239119
2597463667305836041428138830320382490375898524374417029132765618093773444030707469211201913020330380197621101
0044929321516084244485963766983895228684783123552658213144957685726243344189303968642624341077322697802807318
1544110104468232527162010526522721116603966655730925471105578537634668206531098965269186205647693125705863566
0185581007293606598764861179104533488503461136576867532494416680396265797877185560845529654126654085306143444
1858676975145661406800700237877659134401712749470420562230538994561314071127000407854733269939081454664645880

图1　π

“π里面有所有意想不到的数字串，如银行卡密码、今天的股票指数、货币汇率、你的体重、$\frac{1}{17}$的循环节等。数学家们相信，无理数是无限不循环小数，因此，任何数字串都会出现，而且任何数字串出现的频率应该是一样的。简单地说，0到9这10个数字在π中出现的频率应该是一样的，00，01到99这两位的数字串在π中出现的频率也是一样的。更进一步，数学家们相信在其他的无理数的小数表达式中，任何数字串的出现频率也是一样的。不过这也是没有证明的猜想。”

“那不是银行卡密码没用了吗？”妞妞颇为忧虑。

“密码在里面，但是你不知道到底在多少位啊！”爸爸微笑。

“对，这是一个无限不循环小数。”

“是啊，在一个无限的世界里，会有一些和我们日常感知完全相违背的东西。比如，数学家们相信，如果有一只猴子随机敲击一台打字机的键盘，假定纸张无穷长，时间无限长，猴子永远不死。这台打字机上会打出任何一本你希望的书，如莎士比亚的《哈姆雷特》。”

“这怎么可能？猴子不会思考，怎么可能写出莎士比亚的《哈姆雷特》？即便是认真背诵过的人也不见得会完整无误地写出来啊！”

“确实是不太好想象这种情形。我们可以简化一下这个问题。《哈姆雷特》最早版本的封面上有这样的文字‘丹麦王子哈姆雷特的悲剧故事’，它的英文标题一共有52个字符，包括空格和标点符号。我们目前使用的计算机键盘一般是104个键，为了便于计算，我们把某些非字母和非标点键取消掉，如电源键，只剩下100个键。猴子随机敲击键盘，出现这句话的可能性有多大呢？”爸爸有下面的计算。

$\left(\frac{1}{100}\right)^{52}=\frac{1}{10^{104}}$。

“宇宙自诞生到现在大约138.2亿年，即$138.2\times10^{8}\times365\times24\times60\times60=4.36\times10^{17}$（秒）。也就是说，从宇宙诞生开始，就开始敲击这台打字机的键盘，到现在也不一定能打出来这个只有52个字符的短句，但是理论上它确实是可以打出来的，数学计算告诉我们这是可能的，尽管发生的概率极低。这也是数学家相信‘无限猴子’可以打出莎士比亚的《哈姆雷特》的理由，但是实际上我们不可能看到哪只猴子能做到这一点。”

“那如果我们不考虑标点符号，不考虑大小写，是不是可以短时间打出来呢？”

“假如我们只考虑26个英文字母，猴子打出这句话的时间会短很多。这句话有44个字母，也就是计算$\left(\frac{1}{26}\right)^{44}$的大小。直接计算比较复杂，我们可以用25来粗略估计一下它的大小。”

$$\left(\frac{1}{25}\right)^{44}=\frac{4^{44}}{100^{44}}=\frac{(2^{10})^{9}}{4\times10^{88}}\approx\frac{1}{4\times10^{61}}。$$

“也就是说，猴子每秒打出一个字母，理论上完整打出这句话的时间，比宇宙诞生到今天的时间还要长许多许多。”

“所以这是不可能的事？”

“准确地说，它是低概率事件。理论上是可能发生的，但实际上你可能看不到它的发生。”爸爸觉得描述还是需要严谨一些。

“中大额彩票算是很少见的事情，但是报纸新闻时不时还有报道。你说的‘无限猴子’在地球上就不可能实现，对不对？”

“是的，‘无限猴子’只是在理论上有意义，它发生的可能性也远远比中彩票要低得多。”爸爸接着说，“还有相对应的一种情形，就是你并不期望看到的，你觉得只有很低概率发生的事情，你却能看到不少。比如，在一个英文字母随机分布的表格里面找到有意义的英文单词，我们应该没有多高的期望。就像猴子随机在键盘上敲打几十下，产生有意义的英文单词一样概率很低，但是排成表格，上下看、左右看、倒看、斜看之后，情形就有一些不一样了。”爸爸在计算机上生成了一个找英文单词的表。

（留给读者的小问题：你能在下面的表格中（表1）找出下列英文单词吗？CLEAN，SEVEN，GROW，TODAY，KEEP，SHALL，PICK，TOGETHER，HURT，ONLY，FULL，DRINK，START，IF，GOT，CARRY，BRING，OWN，MYSELF，ABOUT，KIND，LIGHT，SHOW，TEN，SMALL，DRAW，FALL，LAUGH，CUT，EIGHT）

表1

F	D	J	F	Z	L	D	W	V	L
K	I	O	N	L	Y	B	I	L	G
T	E	Y	O	H	J	S	A	M	A
Q	H	E	W	S	G	H	S	O	S
G	P	G	P	M	S	F	H	W	T
T	U	C	I	X	T	N	O	I	A
H	G	U	A	L	E	O	W	L	R
C	O	D	C	T	O	P	D	L	T
G	T	T	U	O	R	Z	J	A	V

续表

R	B	O	F	L	E	S	Y	M	Y
X	B	P	Q	M	H	G	E	S	W
A	L	R	U	X	T	W	U	S	K
B	L	L	U	F	E	R	B	C	F
H	P	N	A	L	G	I	U	T	X
G	V	H	E	F	O	K	G	H	J
Q	T	M	Z	V	T	B	D	H	E
X	Y	Y	I	J	E	I	N	C	T
L	N	J	W	W	W	S	T	J	P
V	A	J	V	A	O	P	D	I	Z
O	E	N	F	D	R	I	N	K	T
K	L	I	O	Y	G	D	J	I	D
C	C	G	M	R	X	Y	I	N	O
I	G	N	I	R	B	H	O	D	D
P	O	W	B	A	R	M	P	M	R
G	A	O	R	C	B	V	B	U	G

“如果字母少，比如4×4的表格，有意义的英文单词不会多，但是当字母增多、表格变大变长时，英文单词也会迅速增多。即便是随机排列的英文字母，它也能由有意义的单词联想而产生一定的意义，而这个意义完全是随机产生的。这种情况可以解释一些偶发性事件的发生。比如，掷骰子，连续掷10次都是大（出现1，2，3算小，出现4，5，6算大）；两个相距甚远的朋友同时生一样的病；报纸上多篇文章开头的字刚好构成某种有意义的句式等。这种情况数学家称之为随机中的有序。这种巧合的概率

其实是不低的。你还记得只要23个人在一起，就有50%的可能性有两人生日相同，这和我们的直觉是不一致的。所以这种情形经常会导致人们怀疑某些事情发生的背后还有另外的原因，所谓阴谋论常常就是这样产生的。”

“还有什么特别的巧合呢？”这个好像很好玩，怎么解释都可以说得通。

“很多的，比如第二次世界大战同盟国准备于1944年6月6日在法国诺曼底登陆，开辟西线战场，和苏联东西夹击德国。登陆计划中使用的无线电通信密码和登陆当天英国伦敦的《每日电信报》中一道填字游戏的答案是一样的，而这个游戏的设计者是一位教师。他设计这个游戏完全是随机的，根本不可能知道这次军事行动的无线电通信密码。再有像画家拉斐尔的生日和去世日都是4月6日，莎士比亚的生日和去世日都是4月23日。伟大科学家爱因斯坦的生日和著名物理学家霍金的去世日刚好都是3月14日等。我认为这些都只是巧合，但还是有很多人不这么认为，他们相信这里面还有某些玄机。”

“这些看上去确实是很值得研究的吧？说不定背后真有什么联系。”妞妞露出古怪的笑容，“你不能说肯定是巧合啊！”

爸爸看出了妞妞的小心思，“你这么想，爸爸确实是不能找出更有力的理由反驳。人类历史数千年，在地球上生存过的人那么多，什么巧合都有可能发生的。中国历史上也有一些非常奇怪的事发生。明朝开国皇帝朱元璋小时候很穷，大名没有，只有小名叫重八，意思是8月8日出生。而明朝刚好有16个皇帝，重八也是16，你说这是天意还是巧合？历史上这样的奇怪事情非常多。爸爸更愿意相信这只是巧合，数学的概率计算是我这样相信的底气。”爸爸笑着说。

“爸爸说过，我名字里的‘珺’字，是你翻字典时翻到的，是不是也是‘随机中的有序’啊？”妞妞一直觉得这个字挺好。

“哈哈，还真是这样的。爸爸想给你取一个寓意美好的名字，却拿不定主意到底用哪个字。爸爸就用了一种比较传统的方式，随机翻开《新华字典》的一页，看这页里面的哪个字合适就选哪个字给你做名字。不过你是知道的，寓意不好的字是不会出现在你的名字里面的。”爸爸还清晰地记得那天发生的事，实际上是翻了好几次，才认定这个字。珺是一种美玉，玉中的君子，一家人都希望孩子如同美玉一样坚固温润，有才有德。

“再比如，投掷硬币，记录正反面。下面有两个记录，你能分辨出哪个是假造，哪个是真实的吗？”（表2）

表2

次数	1	2	3	4	5	6	7	8	9	10	11	12	13	14	15
投币A	正	正	正	反	正	反	正	正	反	正	反	反	正	正	正
投币B	反	正	正	反	正	反	反	反	正	正	正	反	正	反	反
次数	16	17	18	19	20	21	22	23	24	25	26	27	28	29	30
投币A	反	反	正	反	正	反	正	正	正	反	反	反	反	正	正
投币B	正	正	反	正	正	正	反	正	反	反	正	反	正	反	反

妞妞很仔细地看着爸爸拿出来的这张表，还计算着正面和反面出现的次数。A的正反面出现的次数不相等，而B的正反面出现的次数完全相等，这和妞妞预期的正反面出现的次数也比较符合。

“A应该是假造的数据吧！都不符合50%正反面可能性的原则。”妞妞不是很肯定。

“实际上B是假造的数据，不信的话你自己拿硬币投掷试试，正反面的出现会有多次连续的情况，而且在投掷硬币20次左右时，正反面完全相同的可能性还比较低。”

“我好像明白了，赌博的人经常会输个精光，大概就是这样的情形。赌徒觉得不可能发生的事情，它就发生了！”看上去不可能发生的事情，还真是可能的。

“妞妞这个总结很好。爸爸再说一个六度空间的故事，看妞妞有啥感想。”爸爸想起了哈佛大学一位教授的实验。

“大概在20世纪六七十年代，哈佛大学的一位教授设计了一个有趣的连锁信件实验。他随机选择一部分人作为发信人O，要求他们向一个指定的目标人物A寄一封信，并给出了A的姓名、地址等信息，但是要求发信人不能直接将信件寄给A，而是通过将信件转发给自己熟悉的朋友，所有收到信件的参与者（除非直接认识A的人）都不能直接将信件寄到目的地。经过几次转发，信件最终寄到A手中。经过多次重复实验，教授得出结论：经过不超过6次转发，信件最终都会到达目标人手中。也就是说，中间只需要经过5个人，地球上任何两个不相识的人就能建立联系。这就是六度空间理论。”（图2）

“这也很神奇啊！通过6个人我就可以和联合国秘书长取得联系？”妞妞不太相信。

“很容易呀！像联合国秘书长这样的知名人士，往往还不需要6次转发。我甚至可以设想你的信件路径。比如，你可以寄给你的美国同学，美

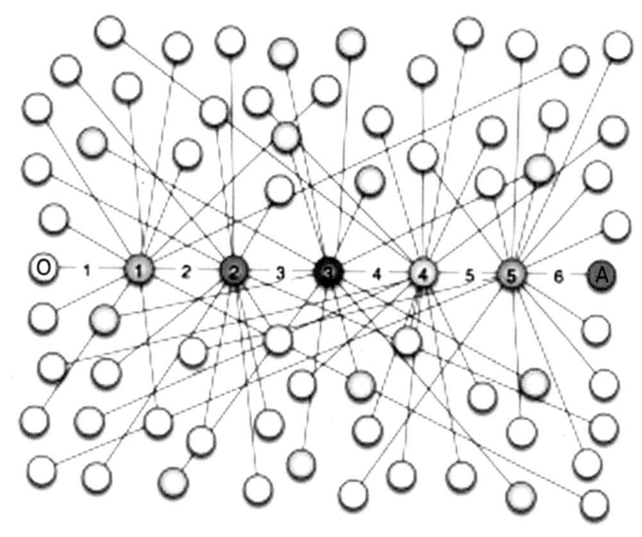

图2　六度空间理论

国同学可以寄给美国的州政府高官，或者认识的议员，这样很容易就可以找到和联合国秘书长认识的人，对吧？困难的往往是住在交通不便的边远地区和社交圈小的人。比如，斯里兰卡的某个渔村的渔民的女儿，我们接触到她估计需要用足6次。”

“对，越是社交圈广泛的人越容易接近；越是社交圈小的人越不容易接近。”妞妞想了想，“为什么不是7，不是5，而偏偏是6呢？”

“这个解释起来就不那么精确了。统计表明，成年人能立即叫出姓名的人数大概是140人，但是全球人平均下来要少很多，因为地球总人口中有婴儿、老人等，我们取70人作为平均数。”爸爸写下两个算式：

$70^6 = 117\ 649\ 000\ 000$；

$70^5 = 1\ 680\ 700\ 000$。

“假定每个人认识70个人，6次传递之后可以覆盖1 176亿4 900万人；而5次传递，只能覆盖16亿8 070万人，比地球人口要少啊！”

“所以也不是都需要通过6次，很可能会少于6次就到达目标人手里。我们现在有互联网、社交网络，更是简单、直接。”妞妞说，“6次就可以认识地球上所有的人，这看上去很难让人相信，不过是实实在在的真事，太不可思议了！”妞妞眼睛瞪得大大的，一副不敢相信的样子，表情很夸张。

“是的，六度空间理论只是说不超过6次，可以联系到地球上的任何一个人。社交网络能帮助我们记住更多的人，说10倍放大一点都不过分。世界或许已经是四度、五度空间也说不定，不是说世界是平的吗？至少在发达国家是这样的。”爸爸慢慢地说，“爸爸还想给你讲讲现代管理学上的3个有趣的定律，它们描述的事情同样不可思议，但是又有特别的道理。在实际生活中我们还能看到这些事情，还不好反驳。”

“好啊！”妞妞想，这个世界奇怪的事情太多了，再来几件也不错。

“第一个叫墨菲定律。简单一点说，就是倒霉的事情总是会发生。你有没有遇到过这样的情况：有件不好的事你特别担心它会发生，结果它偏偏就发生了，让你心里很难过。”

“有啊！上周有几个小孩在步行街玩滑轮车疯狂追逐，我特别担心他们撞上垃圾车，结果还真有个小孩撞上了。不希望发生的坏事情果然总会发生。”

“发生的概率应该没变，主要是我们感受的心态变了。”爸爸笑着说，“第二个叫帕金森定律。简单一点说，如果一个组织不加限制，会越来越膨胀，人会越来越多，产出和效率反而会越来越低。主管会给自己找助手，让助手干活，自己指挥还不担责任。同样地，助手也会给自己找助手，如此没完没了，事还是那点儿事，人可是多多了。比如一个委员会太大，就得成立专业委员会；专业委员会太多，就得成立常务委员会；常委会也太大，就得成立核心常委会。这样组织上面建立组织，负责的还只是这些事，层级可就多多了。再比如一个会议，如果不加约束，会对鸡毛蒜皮的议题花很多的时间，因为这样的议题大家都会有话说。对于公司里面项目投资议题和员工郊游计划议题，大家肯定是对后者发表的意见更多。前者有较强的专业性，有壁垒，发表意见的风险也大。再比如，越是能干的领导，越不容易选择优秀的继任者，因为他本人的强势会阻止主动、有创新的下属产生。越是设计豪华、完美的总部，越是没有效率，因为上升期的公司没有时间关注办公室的完美设计。"

"哈哈，我们班的同学都是班干部，这算不算？"妞妞笑了起来。

"也算是一种吧！很奇怪，不好想象，但是又可以理解，不过我相信这是老师想调动同学们参与班级活动的积极性所采取的一个办法。"爸爸觉得这些东西好像离孩子还有点儿远，不过知道成年人世界里的这些古怪现象，也不是坏事。

"最后一个叫彼得原理。彼得原理认为，在各种组织中，如果我们提升岗位表现好的员工，那么组织里面的负责人都将是最差的。为什么这么说呢？因为在各种组织中，人们习惯于把在某个岗位上表现优秀的员工提拔到管理岗位。越优秀越提拔，管理的人越多组织越大，一直到不优秀就停止提拔，因而员工总是趋向于被提升到不称职的岗位而止步。比如，一名优秀的工人被提升为厂长，一名科研教学优秀的教授被提升为大学校长，一名运动成绩优秀的运动员被提升为体育局局长，等等。”

“升职不是可以挣更多的钱吗？管的人多还威风，大家都喜欢升职啊！”现在的孩子也知道很多大人的事情，“所以应该是涨工资的升职，而不是管更多人的升职。”

“让专业的人继续做专业的事或许会好一些，当然不可否认有一些人确实能在各个岗位上都做得好，但这样的人毕竟是少数。”

“爸爸，我今天去做核酸的时候排队拿到了红瓶子，这算不算是小组长啊？”妞妞说。

“当然算！是瓶长！不过你知道为什么要拿红瓶子吗？”爸爸顺着就往下问。

“就是我后面一小队的人都用这一个瓶子装检测棉签。”

“那为什么要共用一个瓶子呢？”

妞妞想了想，说：“是为了省钱吧？”

“对的，成组的测试可以极大地降低成本，快速完成检测。我们现在是一组7个人或者10个人，这样可以在保证及时检查出病例的同时极大地降低检测成本。”

“哦，我明白了，两千万人的城市，如果10个人一组就只需要做两百万次检测。发现有问题的小组可以进一步筛查，并不需要对每一个人单独做检测。这样确实可以节省很多的检测费用。”

“数学上最常用的数量估计方法是抽样，也就是在面对很大规模数据集的情形下，随机抽取其中小量的数据，作为样本来估计整体数据的值。

比如，最近的一次人口普查数据是2020年11月1日零点开始的。为了客观评价这次全国人口普查的数据质量，国家统计局还需要进行小范围的随机抽查，核对数据，以确保整体普查数据的真实可靠。”

“把10个人合成一组来检测，也是抽样吗？”这确实让妞妞有点儿疑惑。

“对呀，以10个，20个，甚至更多人的混合样本为一个样本检测，也是一种抽样。这可以在最小成本的基础上获得想要的结果。”

3. 拼凑也可以啊

——凑数的方法可以解决一些看上去没有办法解答的问题

周末堂弟和他的媳妇带着他们的双胞胎儿子来家里吃晚饭。爸爸负责做饭，煎炒烹炸煮炖焖，腌卤酱拌生烤蒸，踏踏实实地忙乎了一下午，做了一桌子好吃的。妞妞的姥姥也过来了，家里很是热闹。妈妈和妞妞热情地招呼着，在客厅里端茶倒水说话聊天，忙得不亦乐乎。

现在很少有人愿意在家里接待客人了，就算家里来客人也不愿意招待客人在家里吃饭。要吃去外面餐厅吃，美味又方便。不过爸爸觉得这里面的原因不是这么简单，深层的原因应该会挺复杂。其中很重要的原因就是以前的独生子女政策，现在的中年人是最早的一批独生子女，他们的孩子又是独生子女。这样他们成长的环境与上一代已经完全不同，自己没有兄弟姐妹，自己的孩子也没有兄弟姐妹。爸爸成长在湖南农村，他的老家还保留着在家里待客的传统。他既十分珍惜亲人之间那种无间的情感，也想让自己的孩子多一些同伴，多一些成长过程中的陪伴。

双胞胎铭梓和铭扬在上六年级，铭梓是哥哥，铭扬是弟弟，不过哥哥也就早弟弟半小时出生。他们的妈妈告诉我，尽管只是名义上的哥哥弟弟，很有意思的是老大越来越像个哥哥，稳重细致，思虑周全，有大局观，并且凡事都让着弟弟。而弟弟思维敏捷，言语锐利，行动力强，也稍微自我一些。

两个孩子被他们的爸爸妈妈照顾得很用心，虎头虎脑，很可爱。他们的运动成绩不错，一直在接受足球训练。他们的学习也很好，开春之后学校已经开始让他们学习一些初中的课程内容了。

两个孩子刚从足球场回来，一身的运动装备还不舍得脱下，全身上下脏乎乎的。一进家门，他们就被他们的妈妈逼着换下运动服，马马虎虎地洗把脸就上桌吃饭。俗话说，半大小子吃死老子，一点儿都不假。两个孩子狼吞虎咽，食量是有点儿惊人，每人吃完三大碗米饭才算结束。

爸爸其实非常高兴，小男孩嘛，运动量大，又正是长身体的时候，能吃说明身体状况好。不过妞妞有些不高兴的样子，怎么这么能吃？盘子都快吃空了，还在吃！

两个孩子吃完饭，也不管妞妞的态度，迫不及待地到伯伯的书房里找好玩的东西。男孩子本来就淘气，在伯伯家里当然也没什么好客气的。

爸爸给两个孩子准备了《大英儿童百科全书》《十万个为什么》作为礼物。儿童节马上到了，这个儿童节是他们在小学里度过的最后一个儿童节，值得纪念一下。爸爸小时候对科学的兴趣就是从一套破旧不全的旧版《十万个为什么》开始的，那真是一种如饥似渴的阅读。爸爸还送给两个孩子一人一个礼物。这些礼物都是爸爸外出旅行时顺手购买的自己喜欢又觉得有意义的小东西。

礼物当然不错，不过还是比不上自己发现的。男孩子喜欢的东西往往不同于女孩子。玩了望远镜、放大镜、牛角杯、雨花石、海螺、八音盒、电动船、大解放车模等之后，两个孩子终于发现了最感兴趣的东西——刀剑。爸爸喜欢收藏一些特色刀剑，大多是不开刃的工艺品。

两个孩子从瑞士小军刀开始，英吉沙刀、蒙古弯刀、藏刀、保安腰刀、大马士革刀、日本刀、龙泉剑、镇宅古剑等都搜罗出来，把它们放在地板上一一摆开。大大小小，长长短短，好一个琳琅满目，争奇斗艳！两个孩子面对面坐在地板上，比画鉴赏，拿起这把，放下那把，感叹赞美，爱不释手。爸爸担心两个孩子不小心伤到哪里，也担心他们一不小心没拿稳砸坏了东西。好在两个孩子都挺听话，手也挺有劲，一直也都很小心，只是不停地问问题。

“伯伯，哪一把刀最锋利？”铭扬手里拿着一把英吉沙刀问。爸爸其实分不太清哥俩谁是谁，因为他俩看上去就是一个样子，说话声音也很像。只有时间长了，才能知道老大性格慢一些，说话反应和行动都慢一点，稳重一点；老二各方面稍微活泼一些，快一些。

“这个首先要看刀刃，刀刃的角度越小，阻力面越小，刀剑也就越锋利。这是物理知识，也是数学知识。”爸爸拿出纸笔，画了一张图（图1）。

“其实刀刃的种类挺多的，单边双边、一段两段三段、凹磨凸磨平磨，都不一样。一般而言，双边凹磨（图2）最锋利，但是也最容易折卷。开刃是刀剑加工中最重要的一道工艺，要根据应用需要和材质来决定采用哪种方式开刃。”

“那还是要看到底硬不硬，对吧？”铭梓手里拿着大马士革刀，看得出他对刀上的纹路非常着迷。这些纹路有点儿像地图的等高线，不过比等高线变化更多，更神奇，“刀硬才能快。”

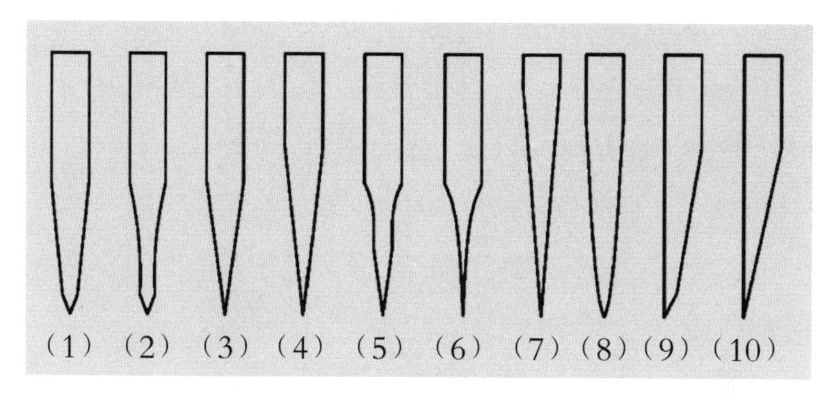

图1 刀刃的形状

图2 大马士革刀——美丽的纹路

“确实是，刀剑的硬度和韧性是两个基本要求。生铁硬但是容易折断，锻造之后成为钢，韧性就好多了，百炼成钢化为绕指柔，说的就是这个道理。”爸爸接着说下去。

“古人在实践中了解，生铁经过多次折叠、捶打、淬火之后，会变得非常有韧性，不易生锈和腐蚀，做成的刀剑锐利不易折断。这是因为折叠、捶打可以去除生铁中的杂质，使得钢铁的分子结构紧密、均匀。”

“而且刀剑一般都会把最好的钢用在刃上，刀身和刀背用普通一些的钢材也不影响刀剑的性能。不过大马士革刀就是经过无数次锻打才形成的超硬钢，刀身全部都是同一种钢。可惜你看到的这把刀只是现代工艺，比不上传统的大马士革刀，传统的大马士革刀已经没有了。”

“为什么没有了呢？我们现代科学这么发达还不能做出来吗？”铭扬有些急切地问。

“这主要有两个原因。一是制作大马士革刀的铁矿在17世纪左右就被挖完了，铁矿在印度，出产的铁叫印度铁，是大马士革刀的原料。二是大马士革刀据说需要在印度铁的基础上加入特别的金属粉末低温锻打而成，非常费时费力，这个工艺已年久失传了。不过现代的合金和锻造技术能成规模制造出硬度、韧性比大马士革刀更好的钢材，只是那种花纹做出来有差别。”

“伯伯，轩辕夏禹剑、湛卢剑、赤霄剑、泰阿剑、七星龙渊剑、镆铘剑、干将剑、鱼肠剑、纯钧剑、承影剑，这些中国的古剑都是真的吗？”铭梓慢慢地说出这些传说中的名剑，连排名都没有乱，自己完全没有觉得有任何特别之处。

爸爸感觉十分惊讶，一个小孩怎么会记得这么多古代宝剑的名字呢？就连爸爸自己也记不住啊！哦！突然一下子想明白了，这一定是电子游戏里面的兵器名字！兴趣才是学习的真正动力啊！

“古书中记录的应该是确有其事，不过剑本身应该没有那么神奇。湖北荆州考古出土了春秋战国时期的越王勾践剑，出土时刀锋依然锐利，并无锈蚀。不过它是一把青铜剑，剑上有八个鸟篆铭文‘越王鸠（勾）浅（践）自作用剑’（图3）。你现在拿一把钢刀很容易就可以把它砍断。”

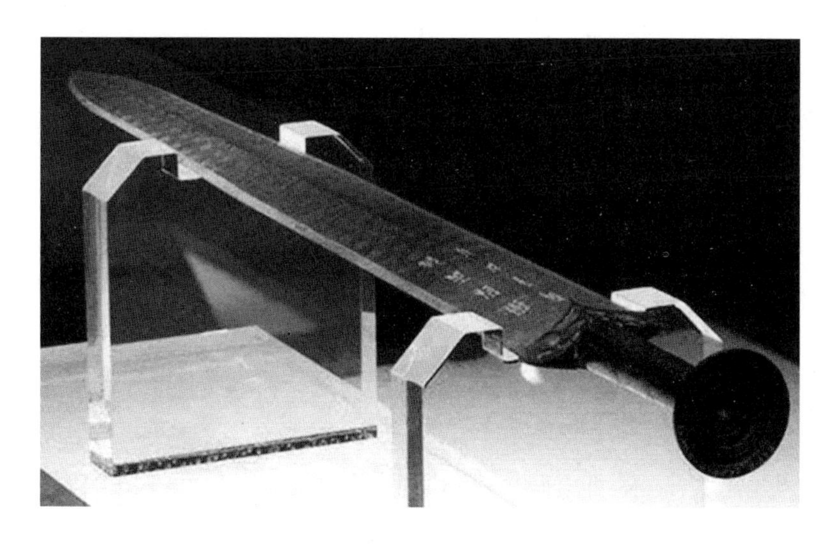

图3　越王勾践剑

“那我们中国古代的宝剑就不如外国的大马士革刀吗？”铭梓还是念念不忘大马士革刀的厉害。

“也不能这么说。我国从春秋战国时期就开始出现铁器，掌握了锻打脱碳、淬火处理等方法。河南的战国墓就曾经出土过铁锄、铁斧等农具。到汉代钢铁产量大增，铁制兵器成为主流。《三国演义》的第一回就说到刘关张得到镔铁一千斤，求良匠为刘备打造双股剑，为关羽打造青龙偃月刀，为张飞打造丈八蛇矛。虽是小说家言，与历史倒也相符。我国唐代的炼钢技术和产量绝对是当时世界一流的，在今天的日本仍能看到许多唐刀工艺的遗留。汉唐时期的高端货就是大名鼎鼎的‘百炼钢’。古书有记载，它采用的是多次折叠、锻打工艺，应该是和大马士革刀有异曲同工之妙的。古人常说的镔铁也是一种花纹钢，据说和大马士革刀有千丝万缕的联系。《水浒传》里面行者武松就有两把雪花镔铁戒刀。武松凭此刀屡立战功，轻松斩杀三大王方貌，斩杀贝应夔，斩杀耶律得重，以步战对马战，三战全以秒杀强悍对手为结局。这对戒刀‘时常半夜里鸣啸得响’，很是神奇。”一番话讲完，铭梓的爱国心得到了安慰。

“陨铁剑是不是最厉害的？孤独求败大侠就有一把玄铁剑，最是厉害。”铭扬说。

“有可能。陨铁是小行星坠落地球带来的，成分比较复杂，加上经过大气层时的高温灼烧去掉部分杂质，其成分类似合金钢，比一般的钢材要更硬、更韧、更耐腐蚀，只是可遇不可求啊！”要是我有一块陨铁就好了，爸爸心里想，只是在博物馆里远远看过黑乎乎的陨铁，在自己手里掂量的感觉一定很不错。

“书上说金刚石是世界上最硬的东西。会有金刚石宝刀吗？”铭扬接着问，“金刚石宝刀是不是就无敌了？”

“金刚石最硬不假，不过它没法加工成形。我们平时见到的刻玻璃的钻石刀其实只是在尖顶上安装了一小颗人造钻石而已。”

“我要有钱就去买一把宝刀。”铭扬说，看得出他非常渴望有一把属于自己的宝刀。

“等你们长大了，伯伯送你们一人一把，好不好？”三个人的讨论还没尽兴。妞妞帮妈妈收拾完家务也进到书房来。“爸爸你别再给他们讲刀啊剑啊什么的，本来就淘气，有刀有剑还不翻了天啊！给他们出数学题，让他们也动动脑子，别光知道打打杀杀的。”妞妞在弟弟面前摆出大姐姐的样子，还真是管用。两个小家伙一边点头，嘴里喃喃说同意，一边放下手里的刀。

爸爸让两个小家伙收拾好满地的刀剑。“好吧，我们降级到趣味数学题。妞妞，你可知道他俩的数学也是很厉害的。他俩上个期末的考试成绩特别棒，下半年一定会进市示范性中学的。”

爸爸拿出纸和笔，开始一边说一边在纸上写。

“先说一道好玩的题，妞妞也一起来做，现在是数学时间。”爸爸说，“这是爸爸小时候做过的题目。商店里有两种糖果（图4），每一袋20颗。一种是一元三分一袋的水果糖，另一种是两元四分一袋的巧克力糖。你们每个人手里只有一元钱，哪一种糖果都买不起。商店老板说你们是好孩子，他愿意拆开糖袋，按颗卖给你们。请问可以各买几颗这两种糖，刚好用完一元钱？”

上初中的妞妞最先停下笔，她写出了一个二元一次方程：

$\frac{13}{20}x+\frac{24}{20}y=10$。

图4　各种糖果

“只有一个方程没有办法求解啊！”妞妞皱着眉头。

“没有直接的解法，可以用凑数的方法来解出这个方程。每颗糖果不能再分了，所以糖果的数量一定是整数，对吧？x和y只有整数解才符合题意，从这个角度来想想看。”爸爸鼓励妞妞再仔细想想。

“是8颗水果糖，4颗巧克力糖。”铭扬抬起头说。

“对的，我也做出来了，8颗水果糖，4颗巧克力糖。”铭梓的结果也就晚了几分钟。

“好，那就请铭梓来讲讲你是怎么做出来的！”爸爸说。

铭梓把自己的验算纸拿出来，大家都看得到纸上是这样写的。

20 …… 13　一元三分买20颗水果糖　　20 …… 24 两元四分买20颗巧克力糖

2 …… 1.3　　　　　　　　　　　　　2 …… 2.4

4 …… 2.6　4颗水果糖要2.6分钱　　　2 …… 2.4 两颗巧克力糖要2.4分钱

2.6 + 2.4 = 5 刚好凑齐5分钱

“我想到刚好2.6 + 2.4 = 5，可以用五分钱买4颗水果糖和2颗巧克力糖。这样一元钱刚好可以买8颗水果糖和4 颗巧克力糖。”铭梓说起来思路很清晰。

“可是这样的答案可能不止一个啊？”妞妞没有算出答案，但是也看出了问题。

“确实，对于一个不定方程的整数解问题答案可能有多个，也可能一个都没有。碰巧的是这个方程的解刚好就只有一个，就是铭梓、铭扬用凑数的方法找出来的答案。”爸爸干脆在纸上写了一列数字（表1）。

表1

水果糖／颗	巧克力糖／颗
0	8.333
1	7.792
2	7.250
3	6.708
4	6.167
5	5.625
6	5.083
7	4.542
8	4.000
9	3.458
10	2.917
11	2.375
12	1.833
13	1.292
14	0.750
15	0.208
16	–0.333

“这些计算只是为了验算结果的正确性和完整性！这样的小数运算严谨但是烦琐。铭梓、铭扬的解题方法都很正确。假如我们一元钱全部用来买巧克力糖，可以买8.333颗，这不可能，对吧？哪里找0.333颗糖啊？”大家都觉得好笑。爸爸接着指向第二行。

“如果买一颗水果糖，剩下的钱可以买7.792颗巧克力糖，这也不可能。”爸爸一边说，一边往下指着计算出来的数字给孩子们讲。

“也就8颗水果糖和4颗巧克力糖符合题意，是整数解。当然，你们也可以先设定买几颗巧克力糖，余下的钱买水果糖，算式还能更加简短一些。”爸爸又写下来一列数字（表2）。

表2

巧克力糖／颗	水果糖／颗
0	15.385
1	13.538
2	11.692
3	9.846
4	8.000
5	6.154
6	4.308
7	2.462
8	0.615
9	–1.231

“结论是一样的，4颗巧克力糖和8颗水果糖。这样看来，凑数的方法是可以解决一些看上去没有办法解答的问题的。我们再来做一道更好玩的题。”三个孩子跃跃欲试，眼睛里满是渴望。

“从前有一个特别迷信数字的人，每天出门时都要计算一下左右口袋里的零花钱。只有两者相加和相乘的数字一样，才肯出门，请问总共有几种出门的情况呢？”

三个孩子都有点儿发蒙，这算什么题？有几种情形呢？从哪儿开始做啊？

“两口袋各有两块钱，是不是就可以出门？”姐姐还是快一些想出来了一种情形。

“对的，这是一种情况。注意这里的钱一定是正数，而且小数点后面最多只能有两位，也就是分，对吧？像上一道题一样，比分还小的钱就没有了。”爸爸觉得有必要提醒一下。

妞妞还是写下了一个等式$x+y=xy$，不过两眼呆呆地看着，还是有点儿不知道从哪儿开始。

“这是一个不定方程，有无数解吧？”

“仔细分析一下，其实它是一个有限解的不定方程。不过这道题有点儿小小的复杂，我来给你们讲一讲。”爸爸一边说，一边在纸上开始写。“假设左口袋里面有x元，右口袋里有y元。先说两个特别情形。当$x=0$时，$y=0$。这勉强也算一个解吧？当$x=1$时，y无解，对吧？”

“口袋里面一分钱都没有，那他怎么出门呢？”铭梓问。

“对呀，这就是我说它勉强也算一种情形的缘故。”爸爸觉得孩子的质疑挺有道理。

“那他可以用手机支付啊！”铭梓说。爸爸心里哑然失笑，是啊！时代变化迅猛，不知不觉中我们已经老了！爸爸记得自己小时候听到这道题的时候，心里只是想：为什么没有钱就不能出门呢？我们出门经常是没有钱的啊！那是一个物资匮乏的时代，但愿今后永远都不会再出现。这个题估计再过几年就不会有人讲了，嗯，或许应该改成左右两手各有一个随机数发生器才合理！

“我们还是暂时假装在纸币时代！这个迷信数字的人因为不好好学习，不与时俱进，暂时还没有手机支付。”爸爸笑着赶紧息事宁人，不然就讲不下去了。

“我把妞妞姐姐写下来的等式稍微变换一下，写成$y=\frac{x}{x-1}$这个样子。因为x和y都必须是正数，所以x必须大于1，对吧？”

“对，没有负的钱。”铭扬说，紧紧站在伯伯的身边，“如果x小于1，y就是负数了。”

“x不能为1，那么最小的数字就是1.01。把$x=1.01$代入，有$y=101$。由于左右口袋是没有先后次序的，所以我们可以肯定x和y的取值一定就在1.01到101之间，对吧？把$x=1.02$代入，有$y=51$。好！我们找到了两组解。加上$x=0$，$y=0$；$x=2$，$y=2$，我们一共有了4组解。那么接下来的问题就是：这样的解到底有多少呢？要是有成千上万组解，我们计算起来就会太麻烦。幸亏不是这样，我们不妨来分析一下这个等式。”

爸爸用笔指着$y=\frac{x}{x-1}$的图像（图5）。

“我们需要寻找大于1，并且这个数能整除它自己减1的数字。你们看，当 $x = 1.03$时，$y =34.333\ 3$。这就不是这个方程的解，算钱最多只能到小数点后面两位。明白了这一点，我们寻找这个不定方程的解就容易多了！你们试试，看谁找得多！”

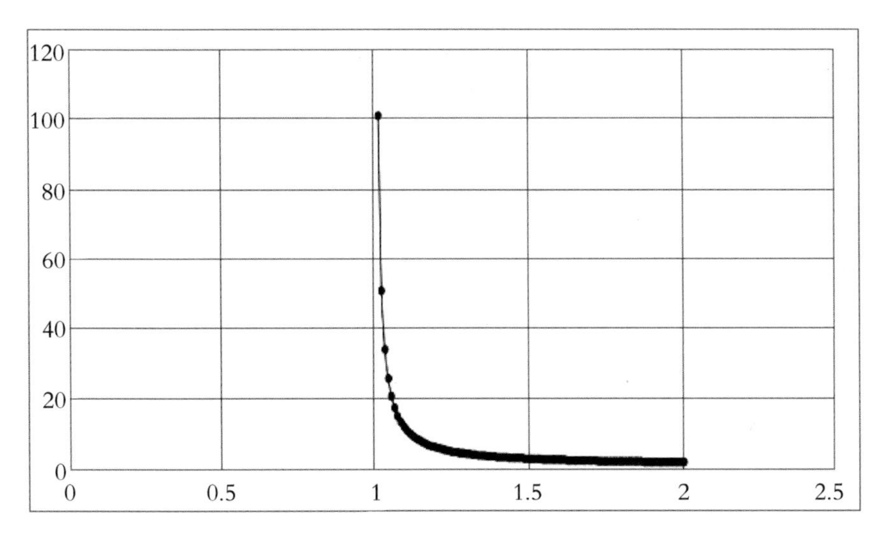

图5　$y=\frac{x}{x-1}$的图像

过了近10分钟，铭梓找到了4对，铭扬找到了5对，妞妞找到了7对。妞妞的计算能力和观察发现能力还是更加高明一些，弟弟们的能力也让人刮目相看。

爸爸用Excel做了一系列数，还作了一个图，让孩子们看（图6）。

“咱们找出了很多解，非常棒！但是我们没有办法证明把所有的解都找出来了。我刚刚用计算机计算了所有的可能，大家可以看这张数据表，从表中可以看出所有可能的情形。我们可以看到表内一共有13种情形符

左口袋	右口袋						
1.01	101	1.26	4.846154	1.51	2.960784	1.76	2.315789
1.02	51	1.27	4.703704	1.52	2.923077	1.77	2.298701
1.03	34.33333	1.28	4.571429	1.53	2.886792	1.78	2.282051
1.04	26	1.29	4.448276	1.54	2.851852	1.79	2.265823
1.05	21	1.3	4.333333	1.55	2.818182	1.8	2.25
1.06	17.66667	1.31	4.225806	1.56	2.785714	1.81	2.234568
1.07	15.28571	1.32	4.125	1.57	2.754386	1.82	2.219512
1.08	13.5	1.33	4.030303	1.58	2.724138	1.83	2.204819
1.09	12.11111	1.34	3.941176	1.59	2.694915	1.84	2.190476
1.1	11	1.35	3.857143	1.6	2.666667	1.85	2.176471
1.11	10.09091	1.36	3.777778	1.61	2.639344	1.86	2.162791
1.12	9.333333	1.37	3.702703	1.62	2.612903	1.87	2.149425
1.13	8.692308	1.38	3.631579	1.63	2.587302	1.88	2.136364
1.14	8.142857	1.39	3.564103	1.64	2.5625	1.89	2.123596
1.15	7.666667	1.4	3.5	1.65	2.538462	1.9	2.111111
1.16	7.25	1.41	3.439024	1.66	2.515152	1.91	2.098901
1.17	6.882353	1.42	3.380952	1.67	2.492537	1.92	2.086957
1.18	6.555556	1.43	3.325581	1.68	2.470588	1.93	2.075269
1.19	6.263158	1.44	3.272727	1.69	2.449275	1.94	2.06383
1.2	6	1.45	3.222222	1.7	2.428571	1.95	2.052632
1.21	5.761905	1.46	3.173913	1.71	2.408451	1.96	2.041667
1.22	5.545455	1.47	3.12766	1.72	2.388889	1.97	2.030928
1.23	5.347826	1.48	3.083333	1.73	2.369863	1.98	2.020408
1.24	5.166667	1.49	3.040816	1.74	2.351351	1.99	2.010101
1.25	5	1.5	3	1.75	2.333333	2	2

图6　$y=\frac{x}{x-1}$的解

合迷信人出门的条件，看得出绝大部分情形下这个人是不出门的。”爸爸微笑。

“不能比1元1分钱少，少了的话，另外口袋里面就需要负数的钱，这个明白了。但是为什么2不再往下计算呢？”铭梓问。

“因为左右口袋是可以交换的，两个口袋的钱算到相等了，就不会漏掉任何合适的情形了。左口袋2元继续再往下算，如2.01，右口袋的钱数会小于2元，就像1.999 9这样的，这样实际上就计算重复了，而且这种重复没有意义，因为我们只需要小数点后面不超过两位的解。”铭扬回答。

“是的。1元到2元之间我们已经按分计算过，再往下计算，不会有新的合适的解。铭扬的回答很正确，能这样思考问题非常好！提出特别表扬！”爸爸伸出大拇指。

“反弹！”铭扬的反应很迅速，小脸红红，有些不好意思。

“加倍再反弹！”爸爸也知道一点儿小孩子们说话的方式。“你们看，一道看上去没法下手的题，我们可以用拼凑的方法来求出答案，是不是很神奇啊？”

“拼凑也可以啊！”铭扬还是觉得难以想象。

“是啊，有时候拼凑也是解题的方法。这里重要的有两点，一是需要把隐藏的条件找出来，很多问题的已知条件是没有明确交代的。这个问题的隐含条件就是金钱数量只能是正的且小数点后不超过两位数的数字。二是要找到规律，这个需要我们平时多思考，多留意才行。这道题中的规律就是要在1~2的范围内，以分为单位，找到能除得尽自己减去1的数，而且计算到2之后就不再需要计算了。如果不能做到这两点，随意拼凑是不可能完成的任务。”

几个孩子都没有说话，还在回忆这道题的求解过程。说难其实也没有多难，就是自己不一定会想得出这样的方法。

“我们最后讲一个王子拯救美丽公主的数学故事吧！”爸爸说。

“从前有一个小公国，国王有一位美丽的公主。阴差阳错，她喜欢上了敌国的一位英俊聪明的王子，可是国王不同意他们在一起。于是在一个黑夜里王子和公主骑马逃出了宫殿，公主只带了一位贴身的女仆。很不幸，他们这次的出逃并没有成功。国王的士兵抓住了他们，并把他们三人关在了一座孤零零的古堡（图7）塔楼里。这个时候已经接近黎明，天色

图7　欧洲古堡

是最黑暗的时候。勇敢的王子并不气馁，他独自爬到古堡的顶楼环顾四周，如果从窗口跳出去，活着的可能性几乎没有。古堡很高，而且地面上都是石头。古堡似乎正在维修。因为他看到了古堡窗外有一根被石匠遗漏下来的绳子，挂在一个生锈的滑轮上，两个空篮子挂在绳子两端。原来这些篮子是石匠用来提起砖块、运下碎石的，刚好在古堡的背面，比较隐蔽。绳子和滑轮都很结实，但没有工具能把绳子取下来直接做成下降绳。王子知道他们只能直接利用这个滑轮逃出去。他还了解如果滑轮两边的一个篮子里的质量比另外一个篮子的质量重5千克的话，重的篮子就会顺畅安全地下降到地面，同时另外一个篮子会上升到窗口。但是如果两边相差超过5千克，重篮子就会加速下降撞向地面，这样就非常危险了；而如果两边相差小于5千克，两个篮子都不会移动。王子知道自己的体重是90

千克，公主的体重大约是50千克，贴身女仆的体重是40千克。在塔楼上，王子还找到了13块5千克的红砖。王子仔细思考了一下，设计出一个巧妙的办法，使三个人都能顺利到达地面成功逃脱。请问王子是怎么做到的？”

“这也要拼凑吗？”铭扬问。

“差不多吧！就是需要设计出一个策略，你说是拼凑一个策略也对，怎么做才能让三个人全部安全地从塔楼上下来，顺利逃走呢？”爸爸说。这个故事是一道古老的俄罗斯智力题，情节有点儿蹩脚，不过逃跑的策略还是有点儿小复杂的。

“可以一步一步地增加5千克的砖头，让女仆下去。”

“下去一个女仆比较容易，三个人一起逃走还需要办法。”

“公主和女仆的质量刚好和王子的质量一样，如何才能让他们分别在篮子的两端呢？”

“是不是太麻烦了啊？上上下下好多次才行。”

几个孩子叽叽喳喳讨论得很热烈，在纸上又写又画，终于有了一个策略。

妞妞作为姐姐，自然是最好的发言人。她说：“他们把一块5千克的红砖放在一个篮子里，让它下到地面。再在吊上来的空篮子里放进2块红砖。他们就这样往每次上来的篮子里放进2块红砖，直到他们把重35千克也就是7块红砖的篮子送到地面，吊上来篮子里有重30千克的红砖。

“王子用女仆(40千克)换下6块红砖，使女仆降到地面，而有7块红砖的篮子升到窗口。王子拿出6块红砖，并示意下面的女仆从篮子里爬出来。他把有1块红砖的篮子下放到地面，同时把空篮子上升到了窗口。

“女仆再爬进篮子（总质量40千克+5千克=45千克），而公主爬进空篮子（50千克），她和篮子一起降到地面。她们两人都从篮子里爬出来，公主在地面，女仆在塔楼。有1块红砖的篮子又下降到地面，同时空篮子又上升到了窗口。

“王子重复他的第一组动作，再次把女仆送到地面。他示意公主和女仆（一共90千克）爬进篮子，使得王子（90千克）和1块红砖一起降到地面。现在，公主和女仆在塔楼，而王子在地面。

“如前面做的一样再来一遍，女仆被送到地面，然后是公主替换女仆到了地面。在这个时间，女仆完成了她第4次也是最后一次下降到地面的过程，而带着7块红砖的篮子上升。

“当女仆从篮子里出来的时候，王子拉紧篮子，让公主和女仆往篮子里装更多的石头压住，以免上面的篮子掉下来。

“这样三个人就完全逃出了古堡。”

爸爸频频点头，也拿起笔在纸上写下一大堆的数字和说明（表3）。

表3

升降次数	左边篮子／千克	右边篮子／千克	说明
1	5	0	王子、公主、女仆都在塔楼
2	5	10	
3	15	10	

续表

升降次数	左边篮子／千克	右边篮子／千克	说明
4	15	20	
5	25	20	
6	25	30	
7	35	30	
8	35	40（女仆 40千克）	女仆到达地面
9	5	0	
10	45（女仆+5千克共45千克）	50（公主50千克）	女仆到塔楼，公主到地面
11	5	0	
12	5	10	
13	15	10	
14	15	20	
15	25	20	
16	25	30	
17	35	30	
18	35	40（女仆 40千克）	女仆到地面
19	95（王子+5千克共95千克）	90（女仆+公主共90千克）	王子到地面，公主、女仆在塔楼
20	5	10	
21	15	10	
22	15	20	

续表

升降次数	左边篮子/千克	右边篮子/千克	说明
23	25	20	
24	25	30	
25	35	30	
26	35	40（女仆40千克）	女仆到达地面
27	5	0	
28	45（女仆+5千克共45千克）	公主	女仆到塔楼，公主到地面
29	5	0	
30	5	10	
31	15	10	
32	15	20	
33	25	20	
34	25	30	
35	35	30	
36	35	40（女仆40千克）	女仆到地面，此时都到了地面

爸爸和孩子们一步一步仔细地讨论说明，三个孩子最后都点头表示这确实是最佳的方案，尽管上下36次看上去往返很多次。勇敢的王子用自己的聪明智慧救出美丽的公主，逃出古堡获得自由，这是一件令人无比愉快的事情。

时间有点儿晚了，两个孩子要回家了。今天吃得挺好，得了礼物，还聊了这么多趣味数学，太好玩了！两个孩子拉着伯伯的手不愿意走，希望伯伯能一起到他家去做客。

“你们明天都还要上课！我会再准备几道好玩的题目，咱们下回再一起来讲！今天最后留一道思考题吧！8个一模一样的零件里面有一个瑕疵品，质量稍轻。如何用天平以最少的步骤检测出瑕疵品呢？”

4. 每天进步一点点

——毛竹不开花，能把天捅破

妞妞是春天出生的。我还清晰地记得她出生之前的那天下午，妈妈挺着大肚子在家附近的公园散步，看到满地的蓝色野花，清新淡雅，非常漂亮。当晚妈妈就进医院了，凌晨两点左右就生下了她。这种野花很常见，当时并不知道叫啥名，之后才知道叫二月兰，也叫诸葛菜，全国各地都有。开水烫过，焯掉苦水就可以吃，味道还不错。一家人都非常喜爱二月兰。

今天妞妞生日，一家人到香山附近的果园里游玩。远方的姑姑寄来了一件自己亲手做的十字绣，作为妞妞的生日礼物。妞妞很喜欢，用镜框装好，挂在自己的床头天天看。姑姑绣的是妞妞的肖像，不过长了一条美人鱼尾巴，两手托腮，很可爱的样子。从此妞妞开始对做十字绣感兴趣了，不过做了一段时间十字绣后就不喜欢了。一幅金鱼的小绣品，她做了一小半就停了。后来她开始疯狂喜欢串小珠子，做各种小珠子的手工，埋头看手机的坏习惯都改了不少。

一个学期很快就过去了，妞妞期末考试成绩不太如意，自己感觉也不好。暑假开始，妞妞几乎把自己所有的空闲时间都用来做手工。她一开始做简单的手串、项链、戒指，再后来就可以做各式各样的钥匙坠、坐垫、花朵、小鸡、小鸭、小苹果、小熊，还可以给娃娃做衣服。抛开精细功夫不说，这些手工珠花确实是色彩绚丽，晶莹剔透，让人赏心悦目（图1）。

图1　手工珠花

妞妞原来做事情没有什么常性，这或许是他们这一代人的通病。他们的选择太多，转换成本小，又不愿意下死功夫，而家长也不忍心强硬逼迫。爸爸曾经希望她有一个爱好，身心健康，一生受益无穷。滑冰、游泳、羽毛球、网球、乒乓球等，每一样运动妞妞一开始都愿意去玩，但一到需要重复训练时就会打退堂鼓，浅尝辄止，无一例外。也就网球算是个爱好留下来了，但是打球的频次越来越少，几个月不碰也是常事。

按孩子的天性培养，按孩子的兴趣培养，话是不错，但是不吃点儿苦，又怎么能知道其中的乐趣呢？哪里又能谈及真正的兴趣呢？所谓孩子的自然成才，恐怕是骗人的，至少是以大多数人的平庸为代价的，有谁愿意自己的孩子成为那个分母呢？

妞妞倒是一直对画画很有兴趣，不过学习紧张之后就不拿画笔了，很是遗憾。爸爸对妞妞的画作还很欣赏，比如这幅莫奈的《睡莲》（图2），是妞妞小学一年级时候画的。爸爸一直拿来做屏保，觉得挺有意境，色彩跨度、睡莲形状颇有特点。

这次看到妞妞不同寻常的耐心和细致，爸爸很是欣喜。从来都没有什么天才伟人，惊世骇俗的功业也是靠一点一滴的长期积累而成就的。爸爸很希望孩子能从全心全意地投入中学习到进步的道理。

这天趁妞妞学习中间休息的时候，爸爸拿着一张纸到妞妞的房间，想和她聊聊学习的事。

爸爸在纸上写的是这样的内容：

图2　妞妞的《睡莲》画作

$1.01^3\times0.99^2\approx1.009\,8$

三天打鱼两天晒网，前功尽弃

$1.01^{365}\approx37.8$

$0.99^{365}\approx0.025\,5$

积跬步以至千里，累怠惰滑向深渊

$\frac{1.01^{365}}{0.99^{365}}\approx1\,480.66$

井蛙不可语海，夏虫不可语冰

$1.02^{365}\approx1\,377.4$

$\frac{1.02^{365}}{1.01^{365}}\approx36.46$

多一分努力，多千分收成

$0.98^{365} \approx 0.000\ 6$

$1.02^{365} \times 0.98^{365} \approx 0.86$

一曝十寒，未有能生者

爸爸一心想给妞妞多灌输些心灵鸡汤，鼓励她在假期好好补习一下功课，免得下学期掉队。没想到妞妞抬头第一句话就让爸爸惊呆了。

“爸爸，我们班一个男同学说他喜欢我。”妞妞一脸的不知所措，有些茫然，还有一些羞涩。

爸爸心里顿时七上八下，不停地警告自己不能乱，不能慌，脸上装得像没事人一样。

“哦，是那个高高瘦瘦、钢琴弹得好的同学吗？”爸爸故作镇静，语调平稳。爸爸在年级的联欢演出中见过这个孩子，印象还不错。

“是啊，他是班里的学霸，什么成绩都好。他刚给我发微信说的。”妞妞的语调里还是有些不安。

“那你怎么想呢？”爸爸先试探着把球踢给妞妞，希望能多了解一下妞妞心里真实的感受。

“我有点儿害怕，再说我也不喜欢他。他挺傲气的，总不爱理人。”妞妞低下头，“我觉得我们班的男生都太幼稚了。”

不喜欢这个，那是不是有喜欢的那个啊？爸爸不敢往下问。

“你们还小，思想还不成熟，对如何相处，恋爱，甚至婚姻都还完全不懂。现在学习是主要的任务。”爸爸的话还没有说完，妞妞不太高兴地说：“哪有恋爱啊？没有！”

“是的，是的，爸爸的意思是说咱们商量一下怎么回答他。”爸爸有点儿乱，“我觉得你应该先对他说谢谢，然后说你觉得他也很好，希望自己下学期的学习能赶上他。”

“那他会不会认为我喜欢他呀？他都说这是表白。”看来妞妞对爸爸的建议没有多少信心。

“我觉得小孩子说喜欢也没什么，你越在乎反而显得咱们太认真。你以后和他交往注意分寸就好了。”

“那我这样回答他：谢谢你，向你学习，希望我下学期也能考出好成绩。”妞妞想了一会儿说。

“这样回复我觉得挺好的。既没有伤害对方的自尊心，又比较明确告诉了对方咱们的关系只是同学关系。”爸爸表示认可。

“爸爸你这张纸上写的东西我能看懂。一年三百六十五天，每天进步一点点，结果就会是巨大的进步。”妞妞这回显得很乖巧。

“一个很小的增长，假以时日，会有大成。”爸爸的计划被打乱了，搜肠刮肚必须尽快想好怎么和妞妞讲好今天的话题，“但是如果三天打鱼两天晒网，结果就不怎么样。”

“是啊，如果每天都落后一点点，时间长了，就不可收拾了。”妞妞故意模仿爸爸讲话。

“妞妞说得还真是有道理。每天都下降，结果当然很清楚。如果时好时坏，结果你就不一定很清楚，对吧？”

“我举一个买盲盒游戏的例子。你用1元买1个盲盒，盲盒里面也是钱。有一半的可能性得到0.6元，一半的可能性得到1.5元。你觉得这个游戏有利可图吗？你应该怎么玩这个游戏呢？”

“一半可能性损失40%，一半可能性盈利50%，赢得多赔得少，这是赚钱的事情，应该可以大胆玩这个游戏。”妞妞在纸上写下一个计算式。

50% × 0.6 + 50% × 1.5 = 1.05。

“对，这说明游戏的期望是每次赚5%。第一种玩法，买盲盒游戏每次投入的只能是1元，每次投入的金钱数额是小额而且很有限的。假设你有很多很多个1元，每次只投入1元，你可以玩很长时间。从长期多次累积来计算，你肯定是赚钱的，而且平均每次赚0.05元。换句话说，你买100万次盲盒，可能就赚到50 000元，平均100元赚到5元，赚钱速度比较慢，对吧？当然你还必须有足够多的时间，如果你刚好想消磨时间，那这是一个很好的游戏。我们还有第二种玩法。这个玩法比较适合急性子，就是拿出所有的游戏资金，购买一个大盲盒，一次性全部投入进去玩。然后用拿到的资金再次购买下一个盲盒。我们假定游戏规则不变，大盲盒里面还是根据输赢的结果放入相应比例数额的资金。妞妞觉得这两种方法有差别吗？”

“没有差别。”妞妞几乎没有花时间想，就肯定地回答，“就算100万本金，赢了是赚50万，输了是亏40万，还是赢得多赔得少，当然是一样的，可以玩。”

爸爸拿出一张纸，写下一个算式。“假设盈亏每隔一次各发生一次。”

100 ×（1+50%）×（1−40%）×（1+50%）×（1−40%）⋯

“我们来计算一下！第一次赢了，你有150万；第二次亏了40%，你还有90万；第三次又赢了50%，你有135万；第四次81万；第五次121.5万；第六次72.9万；第七次109.35万；第八次65.61万；第九次98.415万；第十次59.1万。”

“等等，这不对啊？怎么会比100万少了呢？”妞妞也觉察出问题，“应该最后等于105万才对呀？可是这个计算也没啥问题，怎么回事呢？”妞妞挠挠头，望着爸爸。

爸爸微笑着看向妞妞，在纸上写了三个公式。

算术平均数 $A=\dfrac{A_1+A_2+\cdots+A_n}{n}$，

几何平均数 $A=\sqrt[n]{A_1\times A_2\times\cdots\times A_n}$。

$FV=PV\times(1+i_1)\times(1+i_2)\times(1+i_3)\times\cdots\times(1+i_n)$。

“FV代表经过n轮游戏之后的钱数，PV代表游戏开始之前的钱数。例如，第j次盈亏的百分比就是i_j，计算平均值公式里面的$A_j=1+i_j$。”说明了每个符号的意义，爸爸稍微等了一会儿，给妞妞点儿时间理解。

“所有这种多轮次游戏的增长率是由每轮增长率的几何平均数决定的，不是由算术平均数来决定的。算术平均数总是大于几何平均数。这一点儿非常重要！很多时候我们都会忘记这一点。我们的游戏只需要计算$\sqrt{(1+0.5)\times(1-0.4)}\approx0.949<1$。也就是说，增长率是小于1的，这是一个赔钱的游戏。”

“慢点，慢点！投入所有钱重复做游戏和投1元多次做游戏，这里面的不同到底在哪儿呢？”妞妞完全迷惑了。

“每次投入1元，多次玩这个游戏。你的投入和产出是可以相加的，也就是说每次游戏彼此之间完全无关，是独立事件。根据概率，它就是会实现5%的盈利。而投入全款重复游戏，它的投入是前一轮游戏的产出，每轮游戏都彼此关联影响，产出是相乘的，这就是最根本的差别。你想一想如果乘数中有一个0，那么结果就会为0，对吧？”

“原来是这样！”妞妞想了一会儿，恍然大悟，“三天打鱼两天晒网，结果可能会比一开始什么都不做还要坏！不能做这样的蠢事啊！”

“这个世界上即便是发生的概率一样，盈亏轮流发生也是低概率事件。最可能发生的是连续赢几次，连续输几次。每一次连续赢或输的次数不一样，但是长期累积计算输赢的次数一样。如果是这样的话，结果也不会有变化，因为几何平均数没变。必须保证每天、每次都在进步才好啊！”

“所以每一次学习一定要学懂，要不然下一课更加不懂，不懂加不懂，对未来的影响就严重了。”我也不知道孩子怎么会有这样的想法，不过也算是有道理啦！

“有道理啊！如果今天学习需要过去的知识，那就是相关的事件。过去没学好，会影响未来。所以学习基础不牢靠，高年级了还要补回来。”

“简单说增长有两种。一种是线性增长，比如每个月往储钱罐里存100元，一年就有1 200元，十年就有1.2万元。另外一种是所谓指数增长，比如把钱存银行，若每年的利息是2%，n年后的本金加利息就是（1+2%）^{n}倍。可别小看复利的数字小，指数增长的速度越往后越惊人。”

“我知道的，如果池塘里的水葫芦每天增长一倍，那长满池塘的前两天，它还只覆盖池塘的25%。”这是一道妞妞很小的时候爸爸给她讲过的题目，没想到这个时候她还记起来了。

“既然妞妞理解这几个数学算式的含义，理解指数增长的神奇力量，以后每天都要努力进步，那我们就来聊聊增长的极限。这是指数增长的另一面。换句话说，所有的增长，都需要看到增长的极限，这样我们对增长全过程才有全面清晰的认识。”

“增长到了不能再增长的时候，就是增长的极限，对吗？”

“对的！有一本很有趣的书，书名就叫《增长的极限——罗马俱乐部关于人类困境的研究报告》。这本书是20世纪六七十年代未来悲观学派罗马俱乐部最核心观点的表述。他们根据人类发展的历史数据，建立复杂的计算机数学模型。模拟运行的结果告诉他们，由于人口呈指数增长，而石油等自然资源无法匹配呈指数增长的人类的需要。如果不采取必要的强制措施，停止人口的增长，停止工业资本的增长，即必须使人口和经济在零增长下达到全球均衡，人类社会必将很快陷于无法控制的污染、饥荒、战争、灾害和社会崩溃，世界末日也就会降临。换句话说，罗马俱乐部认为人类的发展很快就要到达‘天花板’了，必须采取强制措施来保持平衡。”（图3）

“这也太可怕了！这样的事情幸亏还没有发生！”妞妞有点儿被吓住了，听上去也不是没有道理啊？“未来真的会是这样的吗？”

“我们今天的世界其实已经证明罗马俱乐部的观点不正确。首先，人口增长不是指数增长，实际上目前中国正在为人口生育率太低而担心。日本、欧洲等发达国家都背上了人口老龄化和总人口下降的包袱。

“不发达国家的人口是不是还是指数增长呢？”妞妞问，还是有点儿忧心忡忡的样子。

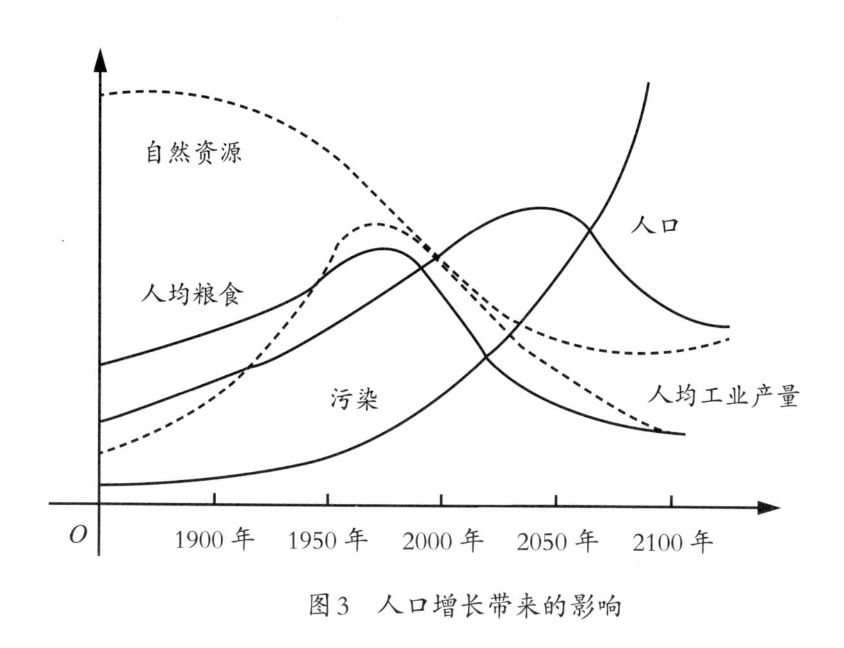

图3　人口增长带来的影响

“很好的问题！不发达国家人口增长确实是比发达国家要快。非洲是最明显的例子。尼日利亚只有90多万平方千米的国土面积，20世纪60年代建国时有2 000多万人口，今天已经超过两亿人了，而且人口增长的速度依然极高。尼日利亚的发展首先会面临巨大的人口问题。教育、就业、经济发展等都会因巨大的人口负担而变得更加困难。从这个角度来说，我们不能否定罗马俱乐部关于增长极限思考的价值。但是要注意的是非洲是目前全世界仅有的处于人口从高出生率、高死亡率向低出生率、低死亡率转型的大洲，这个转型在其他大洲已经完成或者正在完成。从全球的角度我们可以很容易看到大趋势，那就是全球人口总量增速在放缓。2015年全球人口73亿多，人口增速11.4‰，增速已经明显变缓。预计到2050年，人口增速将下降到5.3‰，不到之前的一半。总体上看，人类平均寿命在延长，人口老龄化程度加深，同时生育率持续下降。”

“经济增长能不能超过人口增长呢？”妞妞稍微放点儿心了。

“这是事情的另一面。你也看到了，由于水电、风电、太阳能、核电等的广泛使用，我们对石油、天然气等不可再生能源的依赖在降低。同时由于良种、化肥、养殖和捕捞技术等的提高，人类的食物供应也在增加。更让前人想象不出的是网络和信息流的普及，使得人们交流协同的成本极大降低，每个人的个性可以得到最大限度的尊重，生产效率有了更大的发展。所以尽管从静态来看，罗马俱乐部的观点不无道理，而且这也是人们第一次从全球而非某个国家的角度探索可持续发展之路，非常值得赞赏，但是把他们的结论放在真实的世界里，就显得非常机械和僵硬。人们一直在发掘新模式来打破增长的极限，一直在寻找可持续发展的道路来保护我们的环境。”

“增长有上限，但是当我们知道这个极限后，就需要寻找打破极限的方法，而不是去撞南墙，对吧？”

“是啊，一个发展模式会有它的发展上限，所以需要寻找新的增长模式。人类是这样，一个国家，一家公司也是这样。只有不断地找到新的增长的模式，才能做到与时俱进。”爸爸说，“但极限不是那么容易被打破的，这需要科技创新，需要勇敢试错。”

“姐姐她们公司的计算机买卖股票算不算是新模式？”妞妞的表姐在纽约一家量化交易公司做风险控制，妞妞知道姐姐工作的一些内容，很崇拜姐姐，她自己对此也很有兴趣。

“当然啊，这种高频交易最核心的部分就是需要不断发现股市的交易模式，然后根据模式设计自己公司的交易策略盈利。模式不会长期有效，所以需要不断寻找，不断变换策略。这里面涉及的数学模型有时候会很复杂，对时间要求会极高，需要高速通信和计算机人工智能的辅助才能完成。”

“或许有一天能有智能机器人来帮人们买卖股票赚钱吧？”

“或许吧，不过如果大家都使用机器人买卖股票，回过头来还是需要人来决定策略吧？不然机器人对机器人，好像也没有什么理由能赚得到钱，你说呢？”

“也是啊！都是机器人也就没有意义了。”

“财富增长的可持续性是建立在持续的创新基础之上的。理解财富增长的不可持续性，可以让我们避免损失，非常重要。”

“爸爸，你给我讲讲这方面的事情吧！”

“好吧！”爸爸心里想指数增长在金融领域有很多正反面的故事都可以拿来讲一讲。

“利率和风险是对应的，公开公平的市场不会出现高息保本的配对，但是这个世界上总是有人贪图利益，这就容易上当受骗。最常见的金融骗局会保证比如每年12%以上的年利率，每年都分红，不拿分红立即计入本金，同样享受极高的年利率，但是要求合约长期，如十年、二十年。一般前几年骗子还真的会按约定给予分红，引诱更大投资，吸引更多资金，但是骗子会在他认为合适的时间突然消失，卷款而逃。”

“这样骗子也能骗到钱啊？是不是太简单了，不会有人来上当的。”妞妞觉得爸爸的介绍过于简单，不太可信。

“这只是简单的描述，妞妞你还别不相信，诈骗原理几乎一样，目的只有一个，就是需要你的现金，卖给你一个赚大钱的未来故事，屡试不爽，总有人贪便宜上当。骗子一般会用不一样的暴利故事包装，重点在于故事听上去很真实，甚至可以验证，只是你不太懂或者不能深入长时间调查，同时看上去有很多人都在投钱赚钱，形成相当的热度，不由得你不信。”

“所以看到有不一样的超高收益的时候，要警惕。”妞妞自己总结道。

“是的，一些看上去严肃的金融产品，由大名鼎鼎的金融机构设计，通过正规的金融机构分销，利率并不是很高，依然会在特定的场合下崩溃。这种时候，我们对于指数增长的深刻理解和分析可以为我们规避风险。”爸爸有点儿刻意往数学上引导。

“比如，美国次贷危机就是一个很好的例子。”爸爸说，“次贷是次级抵押贷款的简称，指美国房地产市场的一种银行产品。客户去买房，一般需要先交一定比例的首付款，常见的是总房价的30%左右，这是出售房屋的基本条件。其余购房款由银行或其他金融机构贷给购房人，购房人按月归还，并约定在一段时间内还完，比如20年，这样的贷款称为初级贷款。但是较低收入的人群连首付款也交不出来，于是美国出现了给购房者提供首付款贷款的产品。由于也是用房屋做抵押，如果购房者无力支撑分期还款，也就是俗称的断供了，房屋就会在公开市场上被拍卖，拍卖收入优先归还初级贷款，余下的钱才能归还首付款贷款，所以就被称为次级贷款。次级贷款的风险明显高于初级贷款，所以次级贷款的利息也高。”（图4）

爸爸喝了一口水，接着说美国次贷危机的故事。

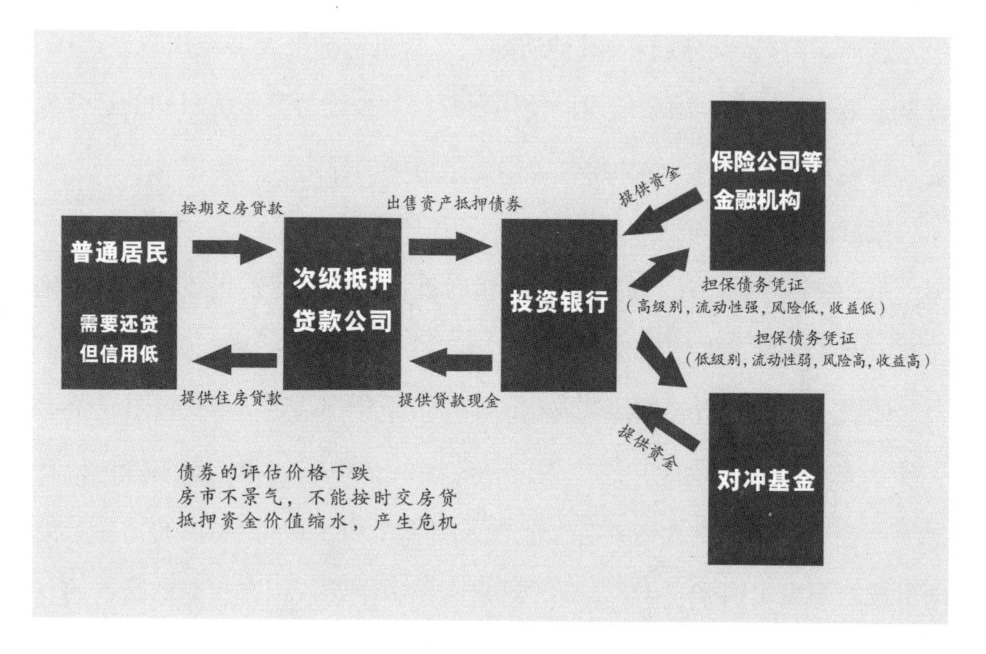

图4　美国次级危机示意图

“美国的房地产市场有将近30年的稳定增长期，所以次贷产品在此期间也没出什么大问题，因为房地产公开市场的价格保持上涨，出现断供后的房屋拍卖完全能把初级和次级贷款归还掉。同时由于门槛极低，大量的低收入者都用这种方式购买住房，房地产市场也是一片繁荣，购销两旺。为求最大的利益，次贷机构会向保险公司购买违约保险，把次贷产品包装成可以在市场公开交易的证券。基于历史记录，违约风险并不大，保险公司也很乐意出售这种保险。同时次贷证券收益不错、还稳定，机构投资者较为青睐，卷入的资金也越来越大，据说最高峰时其总值已经相当于美国全年GDP的3倍多。这个巨大的雷一直到房地产价格上升缓慢，进而下降的时候爆发了。首先是次贷证券成为废纸，购买次贷证券的机构巨额亏

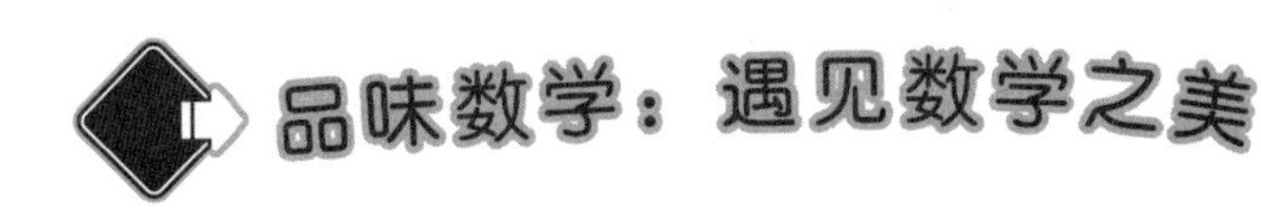

损，进而保险公司、银行及其他房地产信贷机构被波及甚至出现破产潮，以至于最后只能由美国政府出面使用财政巨款来维持几家大机构的运营现金，避免其走向破产，勉力维护美国金融市场的稳定。”

“那么就一直没有人发现危险吗？”妞妞很好奇。

“这和庞氏骗局有点儿相似，爆雷时谁拥有问题资产谁就完蛋。也确实有人在出问题之前敏感地发现了危险，这个人还到处去游说，告知大家自己的观点，可惜当时没什么人相信一个数十年都稳定可靠的赚钱产品会有什么突如其来的危险。这个人就是美国的金融家约翰·保尔森。他在2006年逆向操作，也就是卖空次贷产品，赚来了巨额的财富。2015年，他向母校哈佛大学捐赠了4亿美元，这是哈佛大学建校以来接受的最大的一笔个人捐赠。他的观点其实很清晰和简单，不可能有永远持续上涨的房地产市场。他分析美国房地产市场的历史数据，认为这个市场已经过热，无力上行，杠杆效应已经到了极为危险的地步，种种迹象表明巨大风险即将到来。他的行动最好地诠释了那句名言‘在所有人贪婪时恐惧，恐惧者即是清醒者’。”

“我们怎么才能像约翰·保尔森一样发现这样的危险呢？”

“发现别人没有看到的东西本身就不是一件容易的事。专业知识、及时的资讯、敏锐的观察力和分析着眼点、独立思考和批判思维，还有自信和勇气都是必须具备的基础。但爸爸觉得最重要的工具是常识，比如坚信经济发展只可能是周期向上，不可能是长期指数增长。福建有句俗语非常形象，毛竹不开花，能把天捅破。”

“竹子开花，不就是要死了吗？”看来妞妞还不太明白这句俗语。

“是啊，如果竹子不停地往上长，那不是要捅破天去了吗？但这可能吗？竹子生长很快，尤其是竹笋，每天都能明显看到它在长高，但是这种增高的速度不可能一直保持。受各方面的约束，它生长的速度会越来越缓慢，到一定的高度停止生长，到一定时间会死亡。”

“是的，我们老师说过，没有永生的生物，长生不老只是美好的愿望。”妞妞说。

“对呀！最后妞妞能不能想一想，如何证明算术平均数一定比几何平均数大呢？”

5. 傅科摆

——如何证明地球在自转

这天学校组织去科技馆，妞妞回家比较早，爸爸下班也早点儿。妞妞一进门就叽叽喳喳地说起看到的各种神奇科学。让头发蓬起来的静电、没完没了的碰撞球、火箭航天器和宇航服，还有高速磁悬浮列车等。让爸爸没想到的是她最感兴趣的居然是傅科摆（图1）。

傅科是法国物理学家。傅科摆被称为最美的物理实验，它完美地证

图1　傅科摆

明了地球的自转。傅科在法国巴黎先贤祠大厅的穹顶上悬挂了一条67米长的绳索，绳索的下面是一个重达28千克的摆锤。摆锤的下方是巨大的沙盘。悬挂点经过特殊设计使摩擦减小到最低限度。这种摆的惯性和动量大，因而基本不受地球自转影响而自行摆动，并且摆动时间很长。每当摆锤经过沙盘上方的时候，摆锤上的指针就会在沙盘上面留下运动的轨迹。按照日常生活的经验，这个巨大的摆应该在沙盘上面画出唯一一条轨迹。

可是实际上人们看到，在摆动过程中这个摆的摆动平面沿顺时针方向缓缓转动，摆动方向不断变化。傅科设置的摆每经过一个周期的振荡，在这个直径6米的沙盘上画出的轨迹都会偏离原来的轨迹，两个轨迹之间相差大约3毫米。

分析这种现象，这个巨大的摆并没有受到外力作用。按照惯性定律，摆动方向不会改变。我们知道运动是相对的，我们在跑步机上向前跑，实际上是靠传动皮带平面向后移动来实现的。因而可以想象，这种摆动方向的变化，是观察者所在的地球沿着逆时针方向转动的结果，地球上的观察者看到的是相对运动现象。这个实验有力地证明了地球是在自转（图2）。

假设我们把傅科摆放在不同的位置，摆动情况就会不同。在北半球时，摆动平面按顺时针方向转动；在南半球时，摆动平面按逆时针方向转动。而且纬度越高，转动速度越快。在赤道上，摆动平面完全不转动。在两极极点，摆动平面转动一周所需的时间为24小时，也就是地球自转一周的时间。

傅科摆摆动平面偏转的角度可用公式$\theta=15°t\sin\alpha$来表示，单位是度。式中α代表当地位置的纬度，t为偏转所用的时间，用小时作单位。因为地

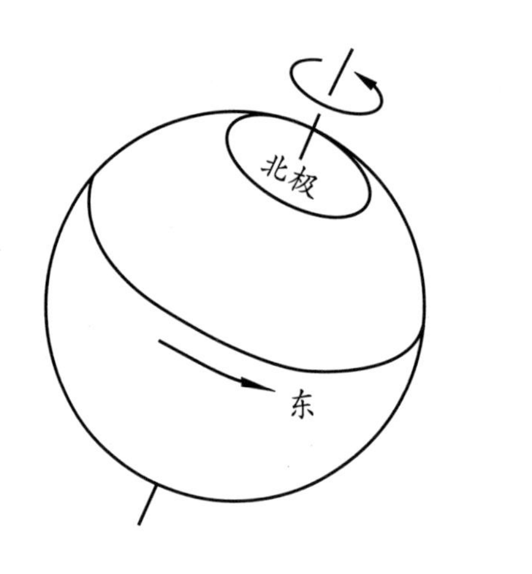

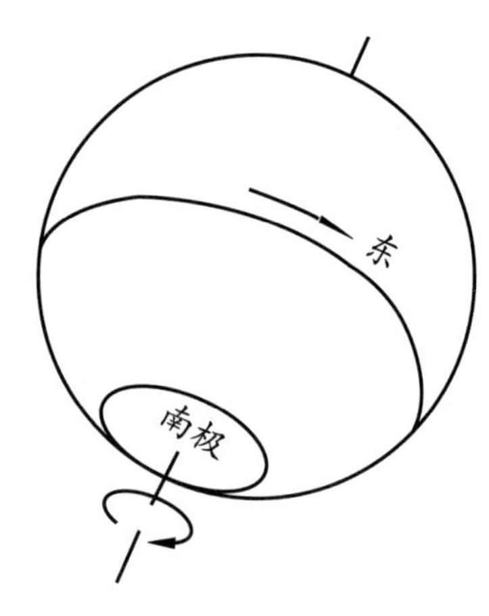

图2　地球自转

球自转角速度1小时等于 $\frac{360°}{24}$ =15°，所以为了换算，公式中乘15°。理解这个计算需要一点高中物理角速度投射的概念。赤道平面上任一点的角速度是每小时15°，在北纬α的傅科摆的运动平面和赤道平面的夹角是$90°-\alpha$，赤道平面的角速度在傅科摆的运动平面的投影就是$\sin\alpha$（图3）。

“你还能想出其他办法证明地球在自转吗？”爸爸问。

妞妞有点儿发愣，傅科摆就是很好的办法啊，想了一会儿，她说：“太阳每天从东方升起，西边落下，这算不算地球自转的证明？”

“当然算一个啊，其实人们对于地球自转的最初感知就来自周而复始的日出日落，不过人们还是想出了一些有趣的办法来证明地球在自转。”爸爸想起来一个故事。

“第一次世界大战期间，英国军舰在阿根廷南端海域跟踪德国军舰。在随后发生的海战中，英国人很惊奇地发现他们打出去的炮弹落点都向

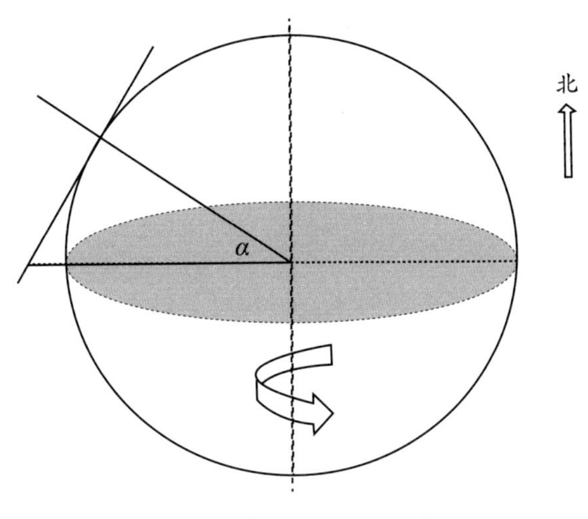

图3　α代表当地位置的纬度

左偏100米左右，而这些舰炮都是在英国海军基地经过精准调试的。要想打中敌舰，炮弹落点就得向右偏100米。这种匪夷所思的情况让当时的英国海军官兵百思不得其解。原来这就是地球自转造成的，目前的高精度火炮瞄准系统都会考虑地球自转的影响，把地区的经纬度和海拔高度（重力加速度影响）都纳入炮弹轨迹的计算。北半球的炮弹会向右偏，南半球的炮弹会向左偏，还记得北半球逆时针旋转，南半球顺时针旋转吗？英国港口靠近北极圈，阿根廷南端靠近南极圈，一右一左，南辕北辙，累积误差非常大，这就是舰炮瞄不准的原因，也是地球自转的一个强有力的证明。"爸爸接着说。

"地球是一个巨大的球体，不停地自西向东自转。距离地球球心的距离越近，自转速度就越小。物体自高处下落的过程中，具有较高的向东的自转速度，必然会坠落在偏东的位置。有人曾在很深很深的垂直矿井中做试验想验证这一点，他们发现自井口中心下落的物体，总会与矿井东壁相撞。这说明地球在做自西向东的自转运动。”

妞妞对于这个说法还是不太明白：“地球向东转动，落下来的物体应该落在西边啊？怎么会碰到矿井东壁呢？”

爸爸明白妞妞的问题在哪儿了。“假如你用双手拉一根细绳，绳子上连着一块小石头，抡起小石头从右向左转圈，转圈时人也一起同步转，就像链球运动员投掷链球时那样。”爸爸做了一个姿势，模仿链球运动员转了两圈（图4）。

图4　运动员投掷链球

“你想象一下，如果转了几圈之后，运动员保持转动的速度，同时把链子往自己怀里收拢，这时链球会怎么运动？”

“会从左边绕向运动员，链球会把运动员打伤。”妞妞想了一会儿说。

“对呀！抡起链球转圈只是人和链球同时间转过的角度一样，角速度一样，但是实际的线速度完全不一样，远处的链球的切线运动速度要远远大于运动员自己转动的切线速度，这也是链球运动员能把链球扔到远处的原因，转得越快，扔得越远。如果收拢链子，人转动的速度不变，链球会从右向左环绕住运动员。这也是下落物体撞向矿井东壁的理由，因为下落物体向东的速度更快。”

“确实如此！这挺不好想到的！不过这样也可以证明地球自转啊？”妞妞觉得好奇妙。

爸爸微笑地看着她，“现代还有一个又简单又直观的方法来证明地球自转，就是在晴朗夜晚用固定在野外的相机长时间多次重复曝光拍摄天空。如果朝向北方拍摄你会看到类似于这样的图片（图5）。时间越长，星

图5　北半球长时间曝光星空照

星划过的天空越壮观。”爸爸在计算机上调出一张照片给妞妞看（图6），“你猜猜这是在南半球拍摄的，还是在北半球拍摄的？”

图6　南半球长时间曝光星空照

“我想想！这个就是相对运动啊！确实有点儿坐地日行八万里的感觉啊！”妞妞抬起头对爸爸说，“爸爸，这些星星绕什么运动啊？”

“准确地说是绕天极旋转，我们在北半球看到的是地球逆时针方向旋转，南半球是顺时针方向。北天极就是地球南北极轴线的北延长线，它的指向特别靠近北极星。北极星很好找。古人也称它为紫微星，认为它代表帝王命运，这当然是迷信。南天极就是地球南北极轴线的南延长线，它的指向接近南十字星。这个南十字星是由4颗星星构成的十字，北半球看不见。”爸爸说，“实际上并不是宇宙中存在这么一个核心轴，星球都绕着它旋转！这只是相对运动，只是我们在地球上的感觉。”

“我猜这张照片是在南半球拍摄的，对吗？”妞妞说，“我们看到的星星做逆时针旋转，这相当于地球在做顺时针旋转。”

“对的！你再想一想，如果相机朝东方，或者西方的夜空拍摄，会有这样的效果吗？”爸爸再调出一张照片给妞妞看（图7）。

图7　东西方向长时间曝光星空照

“对呀！不会有旋转，那会是什么样的夜空呢？”妞妞想象自己站在一个东西方向旋转的球体上向东看会看到什么样的星空。

“如果拍摄的范围小，只会拍摄到星星移动的直线轨迹。如果拍摄的范围大一些，就会拍摄到双曲线轨迹；拍摄更大范围，会看到旋转中心。”

“这个可真神奇啊！”妞妞从来没有看见过这样宏伟瑰丽的照片，夜晚的天空还有这么多有趣的故事。

“我们的古人从太阳和月亮是圆形就猜测地球是一个巨大的球体。日食和月食尽管不常见，但是也以另一种方式暗示了这一点。不过由于缺乏现代科技知识，人们不能理解和想象流动的水如何在地球表面存在，人在球体背面不就是大头朝下了吗？”妞妞大笑，估计是想起了早前看过的一个幽默小品，没有多少文化的老父亲担心自己在美国的孩子天天大头朝下。

爸爸接着说：“所以古人更愿意直观地相信地球是一个平面，当然是一个圆形平面比较合理。比如，古印度有一个说法，我们生活的世界是大象驮着的一块大石板。不过它没法解释大象站在哪儿，只好一层一层没完没了地摞大象。”

两个人相视一眼，同时大笑起来。“天圆地方、女娲补天、共工怒触不周山，天破了还要补，地还有四根大柱子支撑，不能歪！哈哈！”妞妞知道好多这样的故事，好玩得很！

“那你知道古人是怎么测量地球的大小的吗？”妞妞摇头，说：“不知道啊，他们应该不能测量吧！不过我知道地球的周长是4万千米，坐地日行八万里嘛！”

“地球赤道半径约为6 378千米，两极半径约为6 357千米，大概样子是赤道稍微鼓起来的不太规则的球体。”

爸爸接着说：“古人确实没有精确的手段测量这么巨大的球体，不过这也难不住智慧的古人。公元前200年左右，地中海南边的亚历山大城有一座宏大的图书馆，这是当时最有学问的人集聚的地方，可以说是当时世界学术的最高殿堂。这个图书馆馆长叫埃拉托色尼，是一位古希腊科学家，聪慧博学，他就利用简单的几何知识比较精确地测量了地球的大小。”

“他是怎么做的呢？”这确实令妞妞感到很惊奇，2000多年前，能有什么办法测量地球呢？

“他在古埃及各地旅行的时候观察太阳光形成的阴影，发现一年中某些特别的时候，在古埃及南部一个叫塞尼的城市，地面上高大的物体没有阴影，太阳直射深井。进一步调查发现，一年中只有一天太阳完全直射，这一天就是夏至日，也就是夏天开始的时间。他想到，如果地球是一个大球，太阳离地球很远，阳光可以看作平行光。一个地方太阳直射，那么同时在另外一个地方竖起一根直柱，测量阴影可以计算出光线入射的角度。再测量出两个地方之间的距离，就可以简单计算出地球的周长。这个计算的原理是这样的。”爸爸拿纸笔画了一个简单的图，并写下一个公式：$\frac{\alpha}{360^\circ}=\frac{c}{L}$（图8）。

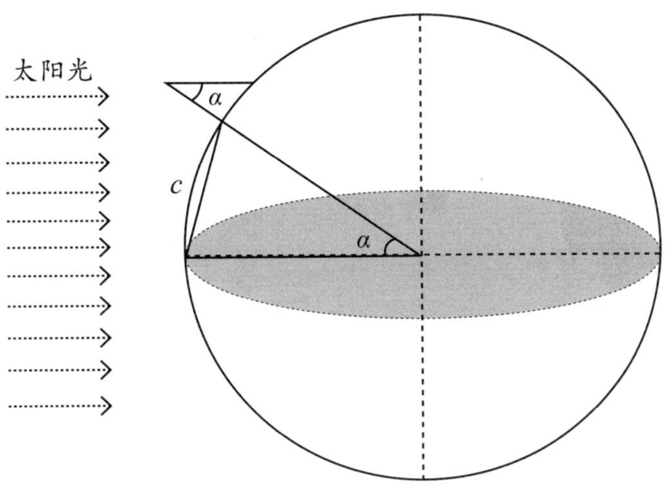

图8　测量地球示意图

“α是入射光线与直柱之间的夹角；c是两个地方之间的距离，相当于α角对应的弧长；L代表圆周长。”说完，爸爸看着妞妞。

“这个比较简单。”妞妞点点头，“一个圆就是360°嘛。”

“塞尼城就在今天的埃及阿斯旺附近，也就在今天的阿斯旺水坝所在地。古埃及的沙漠很多，只有沿尼罗河两翼才是绿洲和良田。尼罗河水自南向北流，在阿斯旺这里被截住，形成一座非常巨大的水坝。塞尼城刚好在北回归线内，所以能看到太阳几乎直射的情景。而亚历山大城在阿斯旺的北边，两地相距约为4 800斯塔德。斯塔德是当时的长度单位，大约相当于185米，是人眼能看清的最大距离。”

妞妞眼睛盯着图看，听得很投入。

“夏至那一天，当太阳直射塞尼城深井的时候，埃拉托色尼在亚历山大城同时测得的光线和直柱的夹角是8°。之后他的计算非常简单，因为8°刚好是360°的$\frac{1}{45}$，所以地球的周长就是$45\times4\ 800$斯塔德$=216\ 000$斯塔德。这几乎就等于4万千米，你可以算一下。”（图9）

“算出来了！等于39 960千米，这真是了不起啊！不过这好像不太对吧？”妞妞计算出来这个简单的乘法，过了一会儿慢慢地说，“这两个地方是在一条经线上吗？你这个图是要求两个测量地点必须是正南正北才对呀。”

“妞妞说得非常对！能指出这个问题说明用心思考了，真棒！”爸爸觉得孩子有了初步的批判性思维能力，很是欣慰，值得鼓励一下，“两个地方并不是在一条经线上，不过偏差不远，是可以原谅的古人误差，因为当时还没有地球经纬线的精密划分。你想当时的地中海人还只知道古印度，不知道中国呢，更谈不上南北美洲了！不过你可知道在地图上画坐标，

图9　埃拉托色尼的测量方法

就是埃拉托色尼首先发明的，可以说他就是经纬线系统的最初发明人啊！”

“可真厉害！”妞妞说，“有了地球的周长，就可以很容易计算出地球的半径了。”

“就是，这位伟大的图书馆馆长居然还测量了月亮的大小，你说神奇不神奇？”爸爸还有故事讲给妞妞听。

“这怎么可能？不过他这么厉害，应该是想出来什么奇妙又简单的测量方法吧？是什么呢？”

“据说他观察过好几次月食，发现月亮从阴影到全黑约需要50分钟，从完全黑暗开始到完全恢复明亮，约需要200分钟，所以他断定月亮的半径是地球的半径的$\frac{1}{4}$。”

“月食是太阳射向月亮的光被地球挡住了，太阳光照射下的地球阴影也是一个圆柱，应该是这样的。”妞妞也用纸和笔画了一幅图，“这个方法

应该不太精确，黑暗面应该是一个从太阳出发不断放大的圆锥，不过这种想象力实在是惊人！”（图10）

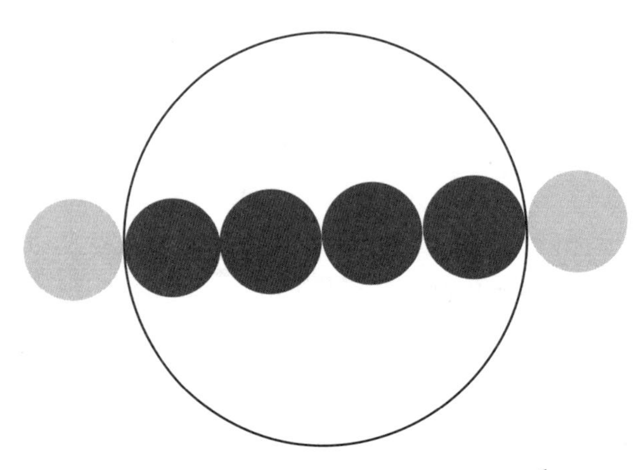

图10　月亮的半径约是地球的半径的$\frac{1}{4}$

“是啊，这种敏锐的观察能力和超出常人的想象力今天的人都不一定有！我们目前知道月亮也是一个不规则球体，其平均半径约为1 737千米，相当于地球的半径的0.273，离$\frac{1}{4}$还是有点儿差距的。”

“我们几何老师上次说到地球上的经线，都是朝向正南正北的，都与赤道垂直，所以是平行线，但是它们都在南极、北极相交于一点。这样的话平行线公设就不成立，这就是非欧几何学，对吗？”妞妞想起来一个问题。

“是呀，非欧几何用球面来演示是挺合适的。地球球面是一个有限的曲面，这个曲面上的线是有限长的。这样的话我们通过球面上一条直线和直线外一点可以作无数条直线，它们不与这条直线平行，但是也不与这条直线相交，对吗？”

“可以的。”妞妞想了一下，“它们就是通过这一点绕地球的一个圆周，不过不与第一个点相交，这与平行线公设矛盾。”

“咱们学的平面几何要求是在平面上，无穷大的、没有任何扭曲起伏的平面上。这样的平面上平行线公设是成立的。其实在高维空间上的几何还有更加特别的性质，由此发展出来的函数空间，甚至无限维函数空间，都是现代数学研究的重要方向。”

“听不懂啊，爸爸！”妞妞提意见了，“你说的都是什么呀？”

“好吧，我们说点简单好玩的事情。”爸爸想这些概念或许孩子一辈子都不会去学习的。

“一圆周为360度，一度等于60分，一分等于60秒。这里的分秒和时间的分秒意义是不一样的。地球自转一圈为24小时，所以每15度为一个时区。地球赤道周长约为40 076千米，每转一分，就是1海里，航海船舶的速度每海里一小时就称为一节。这样大海里航行的船只在计算航程的时候也就比较简单。”

“真是这样吗？1海里就是这样定义的？”妞妞有点儿不相信，拿来纸笔要计算一下。

“1海里等于1.855 3千米吗？”妞妞查了一下字典，发现定义是1海里=1 852米。

“严格一点的海里定义是地球经线上纬度1分所对应的弧长。你还记得地球是一个赤道鼓起来的大球，所以经线，也就是所谓南北向的子午线的长度，计量显得比较科学，因为它们基本上是一样长的。”爸爸解释道。

“难怪我的计算和定义不太一样。”妞妞觉得明白了，“我算的要长一些。”

“由于地球的地面弧度不一样，每一分对应的长度也不一样。不过大

家都使用1 852米作为国际通用的标准。”

“航母的速度是30节，也就是差不多55.56千米，大海里阻力大，这样的船速挺快了。”妞妞无意之中解开了一个小困惑，很高兴，“我原来以为航母的速度30节挺慢的，还一直纳闷呢！”

“好了，最后一个思考题。妞妞能不能想一想，我们应该怎么测量远处星球离我们的距离多远啊？比如月亮，它的大小呢？还有它运动的速度和轨迹呢？有点儿难哦！自己想不出来，可以找书看，可以找人讨论，也可以上网去寻找答案！”（图11）

图11　月亮表面图

6. 如何测量星球

——三角测量法也可以在宇宙空间里使用

16世纪，测量、计算地球和太阳之间的距离就是热门的前沿研究课题之一，最经典的方法是金星凌日法。英国天文学家埃德蒙·哈雷（1656—1742）最早提出这种方法，并较为精确地测量和计算出日地距离。他就是哈雷彗星的发现者，也是一位航海家，完整地画出了南半球的天象图和海洋地磁图。

当时的人们已经知道金星位于地球内侧，比地球更靠近太阳。通过天文观测，哈雷知道金星和太阳之间的距离是地球和太阳之间的距离的0.72，但是这个距离到底是多少并不知道。1地球年约是365天、1金星年约是225天。金星大约每隔584个地球日，就会位于地球和太阳的连线之间。从地球上观测，有时就能看到金星从太阳前方掠过，这也是我们古人所说的金星凌日。金星运转到哪里，根本就不会考虑地球上会发生什么事。这个原理与日食一样，只是月球目视直径较大，刚好可以挡住太阳。说到这里，我忍不住想啰唆几句，这就是有人说月亮是人造卫星的原因。因为它不大不小，刚好可以挡住太阳光芒；离地球不远不近，既稳定了地球的运行，又刚好可以形成生命需要的海洋潮汐。行星的卫星自然形成的本就少见，这样精密契合不像是天然形成的。这当然只是一家之言，不过不是很有趣吗？

我们还可以用小学的算术来验证一下，金星位于地球和太阳连线上的周期为什么约是584天。刚才说到1地球年约是365天、1金星年约是225天。也就是说地球围绕太阳转动一圈约是365天，金星转一圈约是225天，这里四舍五入写成整数只是为了计算方便一点。两颗星转的圈子大小不一样。下面还会说到实际上也不在一个平面上。不过这不要紧，两颗星在一条与太阳的连线上，就相当于两颗星在一个圆圈上同时开始奔跑，一个比另外一个多跑一圈追上来。这两者计算上是等同的，因为对应的角度一样。这里我们只考虑时间，和圆的半径无关。假设这个周期是T天，算式很简单：

$T\times\frac{1}{225}-T\times\frac{1}{365}=1$。

你要是直接写成：$T=\frac{1}{\frac{1}{225}-\frac{1}{365}}$，我会给你100分！小学数学就是这样教的。

具体计算更简单：$T=\frac{365\times225}{365-225}\approx586.6$天。

如果把1地球年和1金星年都精确到小数点后3位，得到的计算结果是583.923 649天。验算正确，大约每隔584天地球和金星会在一条连线上！其实过去的天文学家就是这样预测星球运行的！日食、月食、彗星周期的计算原理是一样的！

金星和地球的轨道平面存在3.4°的夹角（图1），两者不是完全在一个平面上的，所以并非每次连线都会出现金星凌日的现象。事实上，每隔一个世纪左右才会出现两次，最近的两次相隔8年，上两次分别是在

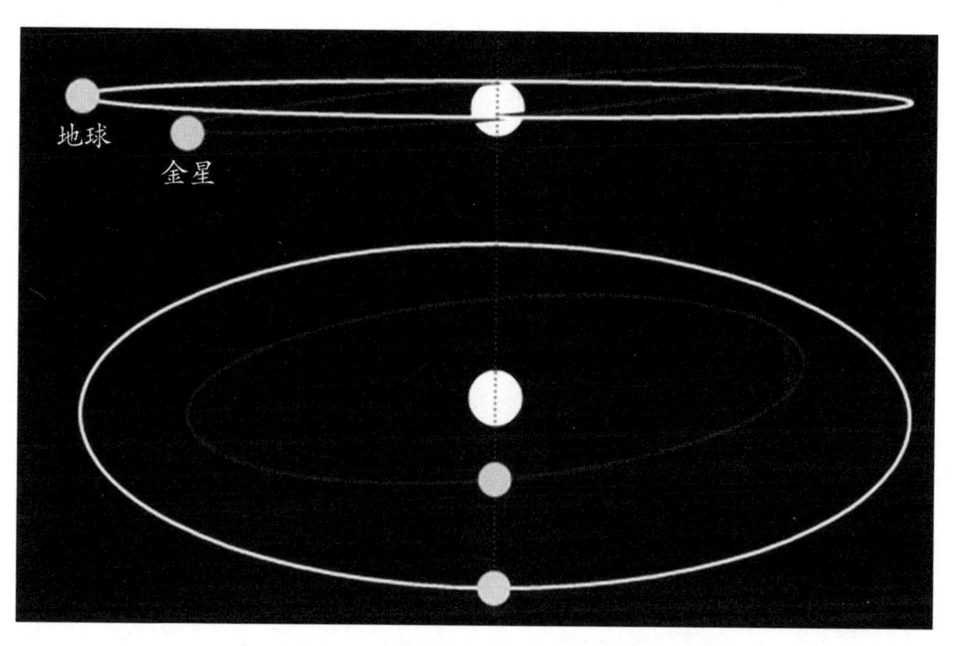

图1　金星和地球的轨道平面存在夹角

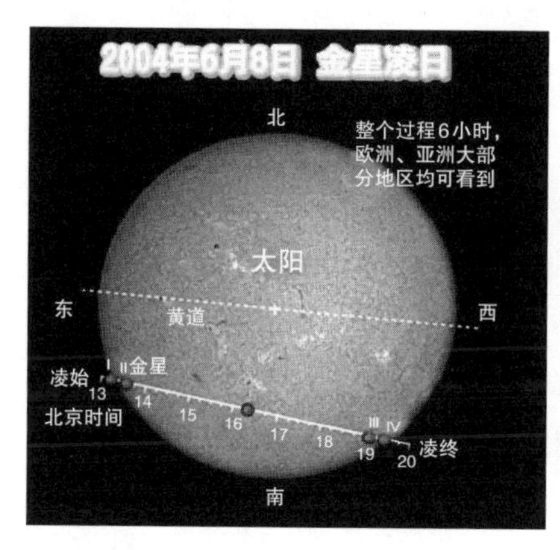

图2　金星凌日示意图1

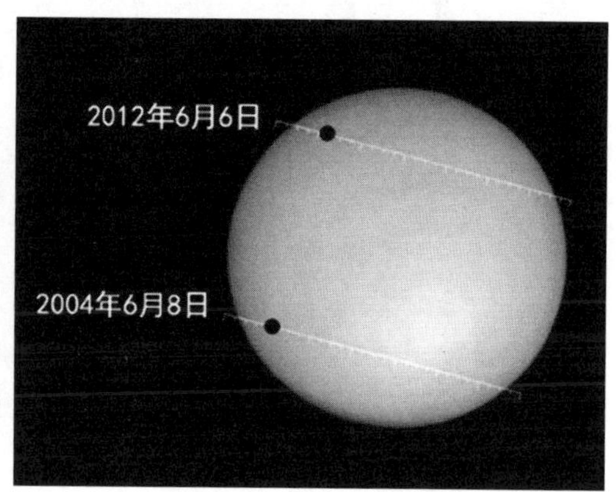

图3　金星凌日示意图2

2004年和2012年（图2、图3）。

金星凌日有着8年、243年的周期。8年的周期（约2 922天）等于8

个地球年、13个金星年和5个会合周期。不过由于金星公转13次的时间约为2 922日，所以实际上8年的周期里金星每次会提早约22小时到达连线位置，加上误差累计，使得下一个8年不会产生第三次金星凌日。243年的周期更加精确一些，它等于243个地球年、395个金星年和152个会合周期。因而一次金星凌日后243年左右大概率会再次发生金星凌日。而根据上面的计算，8年后，也就是243+8=251年会发生一次。

是不是很奇妙呢？这不是和我们给两个自然数寻找公倍数的数学原理一样吗？确实如此，寻找两个不一样周期的相交点就是寻找它们的最小公倍数，只不过这里的周期往往是小数。

根据目前累积误差和我们的观察结果，金星凌日的间隔时间分别是：8年、121.5年、8年、105.5年、8年、121.5年、8年、105.5年，这样依次排列下去。其中8，121.5，8，105.5之和等于243，是金星凌日最基本和最稳定的周期。21世纪的首次金星凌日发生在2004年6月8日，第二次发生在2012年6月6日。预测下两次是2117年和2125年。下一次与最近一次间隔105年。

说到这里算是开了一个头，我们要讲的是如何测量地球和太阳之间的距离，回答如何测量宇宙星球大小和距离的问题。采用金星凌日法来计算地球和太阳之间的距离，本质上是利用三角视差的原理。

如图4所示，假设在地球上相隔较远的两位观察者P和P'同时观察金星凌日的现象。对于P来说，金星在太阳盘面上的运动轨迹为AB；而对于P'来说，金星在太阳盘面上的运动轨迹为$A'B'$。P和P'观测到的金星凌日时间持续长度之比就等于AB和$A'B'$的“长度”（视角直径）之比。很多时

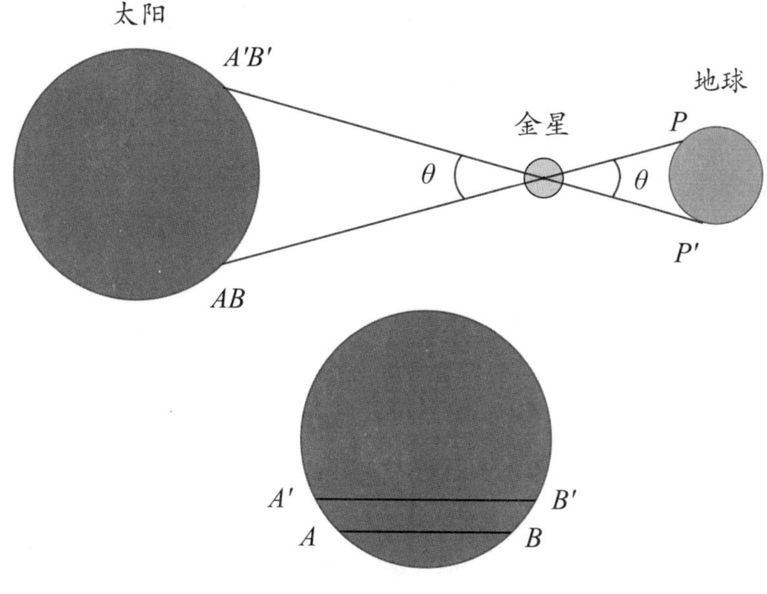

图4　金星在太阳上的投影

候我们无法知道实际的长度，就用比例的方式来测量。根据勾股定理可以计算出夹角θ。

什么是一个星球的视角半径呢？就是我们观测这个星球边缘相对的两侧的两个视线之间的夹角弧度的一半，全弧度就是视角直径。这个好理解吧？我们没有办法知道星球实际的半径长度，所以我们只能用视角弧度来代替，而计算的原理是一样的。

我们知道金星的周期，所以它运动的角速度也就知道了。所谓角速度就是指做圆周运动的物体，与圆心连线在单位时间里运动扫过的弧度，这是中学物理中的概念。

$$\theta=\sqrt{R^2-\frac{t_P\cdot\omega}{2}}-\sqrt{R^2-\frac{t_{P'}\cdot\omega}{2}}。$$

其中R表示太阳的视角半径（0.25°），t_p表示点P的金星凌日时间，ω表示金星的轨道角速度，$t_{p'}$表示点P'的金星凌日时间。由于斜边和底边的单位都是弧度，所以这个公式计算所得的θ的单位也是弧度，实际上就是CD所代表的弧度，也就是由于观察者的位置不同，所形成的夹角θ，其平面图如图5所示。

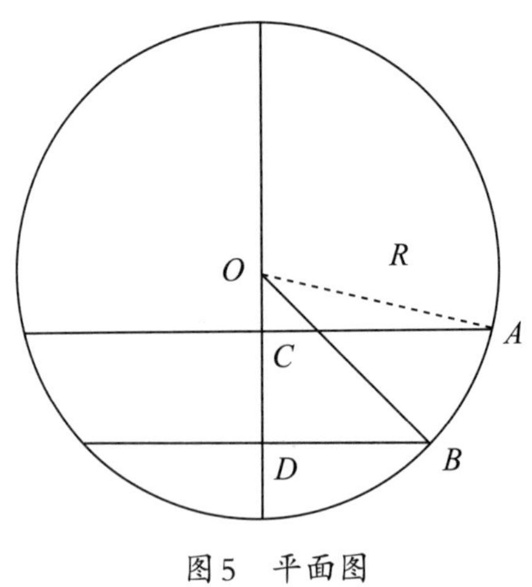

图5　平面图

计算出夹角之后，根据简单的几何比例，由此可以算出金星和地球之间的距离，地球和太阳之间的距离，甚至太阳的半径（表1）。

这只是我们测量宇宙的很小一步。等计算出太阳到地球之间的平均距离时，我们又要向更远的宇宙迈进，进一步测量其他恒星到我们地球之间的距离，研究距离和周期之间的潜在关系。我们可以想象当年开普勒提出第三定律前后20多年的观察和计算工作，如果没有对数，会是多么烦琐！说不定可能会由于数目过于巨大、烦冗而无法观察发现其中隐藏的规律。

表1 各行星的运行情况与地球的比例关系

行星名称	公转周期（T）	与太阳的距离（R）	周期的平方（T^2）	距离的立方（R^3）
水星	0.241	0.387	0.058	0.058
金星	0.615	0.723	0.378	0.378
地球	1.000	1.000	1.000	1.000
火星	1.881	1.524	3.538	3.540
木星	11.862	5.203	140.707	140.852

注：本表以地球的运行情况为基准。

测量更远的恒星距离的传统方法是三角测量法（又称视差法）（图6）。其基本原理也不复杂。地球沿着直径约为3亿千米的轨道绕太阳运行，周期是一年。天文学家可以在某一天观察一颗恒星，隔半年后再对同一颗恒星进行观察。发现两次观察恒星的视角差异之后，因为恒星离我们的距离相对于地球运动轨迹很大，我们可以假定恒星是不动的点，然后可以利用

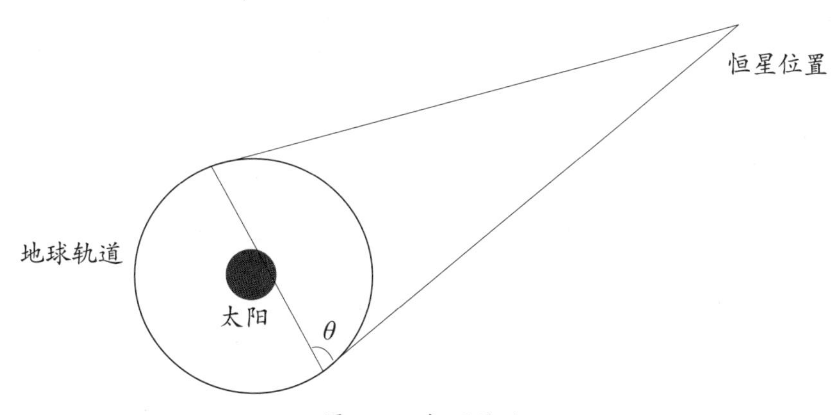

图6　三角测量法

简单的三角学原理，根据不同的视角，计算出该恒星到地球的距离。这相当于三角形中知道一条边和两个夹角，求另外两条边的长度问题。这种方法适合于测算距离地球400光年以内的恒星。太远的恒星由于夹角变化极小，误差比较大。

现代天文学有更精密的方法测量宇宙。比如，更先进的光学和射电望远镜，能更精确地观测遥远的星球，尤其是太空望远镜加计算机辅助成像技术，没有了大气的扰动，其观测精度更是可以达到万分之一弧秒。

再比如，通过分析多普勒红移现象来测出恒星相对于地球的运动速度。科学家发现，远离地球的恒星的光谱会向红色区域偏移，也就是光的频率提高。离开越快，光谱红移偏离越大。反过来，如果恒星朝向地球运动，光谱会发生蓝移，也就是光的频率降低。这和火车在你身边开过时声音由尖锐变浑厚是一个道理——多普勒效应。而根据恒星普遍存在的氢原子光谱偏移记录，可以精确计算出恒星远离地球的速度。这也是一个非常惊人而有趣的现象，因为科学家观察到的所有恒星都在远离地球而去，而且离地球越远，离开的速度越大。我们的宇宙是一个正在迅速膨胀的体系！这也是为什么科学家们相信，在遥远的过去，宇宙是由一个无穷质量的奇点爆炸而形成的。那么奇点到底是什么呢？在奇点之前，我们的宇宙又是什么呢？没有人能够回答。

我们还可以根据恒星的光度来计算恒星的质量，因为恒星在其一生的大部分时间里都会进行氢合成氦的核聚变反应。顺便说一句，原子弹爆炸时发生的是核裂变，通过放射性元素铀235的分裂而产生巨大的能量。处在核聚变阶段的恒星比较稳定，这类恒星在银河系中占绝大多数，也称为主序星，它们的质量和光度（辐射功率）是成正比例的。恒星质量越大，引力坍缩效应越强，导致核心的温度和压力越高，核聚变反应越剧烈，单位时间内产生的能量也越多。

双星系统在宇宙中非常普遍，也就是两颗恒星相互环绕运动，估计多达85%的恒星都属于双星系统，这也挺让人惊讶的！像太阳系这样由一颗恒星，环绕数颗行星组成的标准星系并不是主流。双星系统的恒星的质量更容易测量出来。在稳定的双星系统中，两颗恒星会在引力的作用下绕着它们的共同质心旋转，遵循开普勒定律。只要测出双星的轨道周期和半径，就能算出两颗恒星的质量。不要认为开普勒定律和星球质量无关，实际上开普勒第三定律的精确表达式是这个样子的：

$$\frac{\frac{a_1^3}{T_1^2}}{\frac{a_2^3}{T_2^2}}=\frac{1+\frac{m_1}{m_a}}{1+\frac{m_2}{m_a}}\text{。}$$

其中a_1，a_2分别代表两个行星轨迹的半长轴，T_1，T_2分别代表两个行星的运动周期，m_1，m_2分别代表行星质量，m_a代表太阳质量。

开普勒定律对具有中心天体的引力系统和双星系统都成立。

围绕同一个中心天体运动的几个天体，它们的轨道半径的三次方与周期的平方的比值$\frac{R^3}{T^2}$都相等，且其值为$\frac{GM}{4\pi^2}$，M为中心天体质量，G为引力常数。这个比值是一个与行星无关的常量，只与中心体质量有关，所以如果M相同，各个行星的这个比值就相同。知道行星运动周期和距离，就可以计算围绕恒星的行星质量了。

中学生学过万有引力公式之后，计算起来就更加简单了。

7. 事实比感觉更精彩

——感觉常常出错，事实要用数学来描述

妞妞回到家，放下书包就要给爸爸出道题。她说："一个9寸[①]比萨（图1），和两个6寸比萨，怎么选更合算？不准计算，要直接选答案啊！"

很巧，爸爸知道这个题目中的陷阱，迅速在心里简单计算了一下。4.5的平方大概是20，所以9寸比萨的面积大概20π，6寸比萨的面积只有9π。面积单位暂时就不管了。

图1　比萨

"我选9寸比萨，它更大一些。"爸爸说完微笑地看着妞妞，心里很清楚地知道这里的单位是平方英寸。比萨、电视机、计算机、手机的屏幕尺寸等这些外来的事物都是用英寸来计量尺寸的。

① 编辑注：此处的寸，实际上是指英寸，因西点用的英寸计量，1英寸=2.54厘米。下文中的英寸即英寸。

“今天老师让我们同学选，大部分同学都选两个6寸比萨。”妞妞有些不好意思，“感觉两个6寸比萨要比一个9寸比萨多。二六十二，远比9大。”

爸爸知道妞妞也属于选错了的那些同学。

“我们的感觉和真实的情况往往会不一样，这种属于面积错觉，就是我们把直线比较误用到面积比较上了。”爸爸说，“你提到更合算，其实是要计算花了多少钱。我给你出一道题吧！”爸爸拿出纸和笔，开始写。

“咱们对面商场的那家比萨店，有三种尺寸的比萨，9寸、12寸和14寸。某种海鲜水果比萨的价格分别是98元、124元和148元，请问买哪个更合算？”

这个商场是我们经常去的，现在网购如此方便，去商场其实更多的是去吃饭和看电影。小孩子们都喜欢比萨，我想大概是因为它颜色艳丽、味道温和、配方和加工简单好理解，可以用手吃的缘故吧。

妞妞的计算是这样的。

$$\frac{98}{3.14\times4.5^2}=\frac{98}{63.585}\approx1.541;$$

$$\frac{124}{3.14\times6^2}=\frac{124}{113.04}\approx1.097;$$

$$\frac{148}{3.14\times7^2}=\frac{148}{153.86}\approx0.962。$$

“我计算的是平均每平方英寸需要多少钱。根据我的计算，越大的比萨越合算。”妞妞很快计算完了。

“完全正确。你看，如果不考虑售价，两个9寸比萨的面积大概是

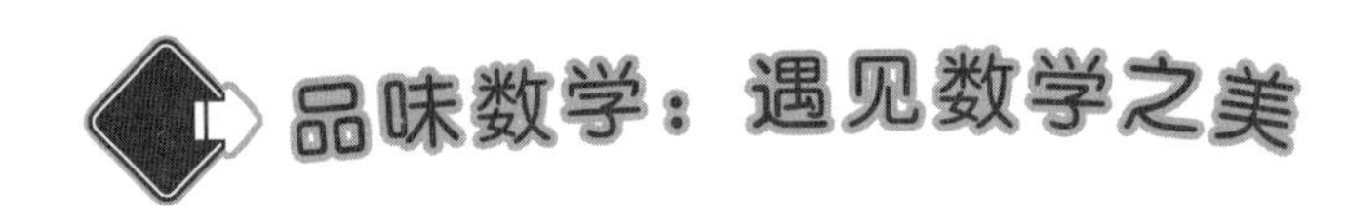

40.5π，而一个14寸比萨的面积是49π，显然一个14寸比萨的面积要大于两个9寸的。可是售价上两个9寸比萨196元，远多于一个14寸比萨。面积小，价格还高。”

“这太奇怪了，这样的话小比萨不就没有人买了吗？”妞妞好奇地问。

“这是一种差异性的定价策略，针对不同需求的人采取不一样的价格，在赚取最大的利润的同时，还保持来吃比萨的客人最大的满意度。”爸爸觉得这样讲太抽象，看妞妞的小脸也满是不明白的神情。

“比如，人比较少，得买小比萨。你买大比萨确实单位平均价格会低一些，可是一次吃不完啊！带回家就没有那么新鲜好吃了。而且常常是带回家放到冰箱里面，过几天忘记吃了，拿出来扔掉，所以这个时候价格高一点是可以接受的。反过来，人多的时候买大比萨，这个时候毕竟每一个采购单的总价会高，每一单总利润也会高。批量大，降点儿价也是完全可行的策略，对吧？”

“对，妈妈就经常贪便宜买得多，带回家放到坏，然后就扔掉。”妞妞开始吐槽妈妈，她经常被妈妈逼着吃带回来的东西，意见还比较大。

“再有从成本上来说，可以分为两大块。一是物料，就是比萨需要的面粉、油、海鲜、水果、乳酪等。不同尺寸的比萨所需的物料都不一样，尺寸越大需要得越多，称为可变成本。二是人工成本，比如烤比萨的大师傅、送比萨的服务员、经理等的工资，还有房租、水、电、煤气、卫生费等。这些和比萨没有直接的关系，不管每天生产出售多少比萨，在一定范围内这些花费基本是必须支付的，也就是不变的。这些可以称为不变成本。不同的生产环境或市场需求变化，可变成本和不变成本在单位总成本的比例会变化，但是两者肯定都会有，两者之和构成总成本。换一句话说，比萨的成本并不是只和比萨的尺寸有关，小比萨的成本和大比萨的成本之比要大于它们的尺寸值之比，因为它们负担的不变成本差不多是一样的。”

“所以小比萨的单位价格高一些也有成本上的考虑，搞不好小比萨就亏本了！”妞妞又想起来一件事，“难怪有的比萨店只说大比萨和小比萨，不告诉你比萨的尺寸了，就怕咱们这样的去赚便宜！哈哈哈！买的没有卖的精！”

爸爸也笑了：“面积错觉有时候还会造成巨大的灾难。钢缆抗拉强度是和钢丝绳的横截面积成正比的。据说在20世纪初，美国就出过一次钢丝斜拉桥坍塌的事故。建设中本应该使用标号一英寸（指钢缆直径）的钢缆，被‘半吊子’工程师使用了两个半英寸的钢缆替代，结果钢丝绷断，在建的桥梁坍塌，造成巨大的人员伤亡和财产损失。”（图2）

“让我想想！”妞妞双手托腮，“是不是得需要四根半英寸的钢缆，才能替代一根一英寸的钢缆啊？”

“是的，直观想两根半英寸钢缆相当于一根一英寸的钢缆是完全错误的，后果很严重。”

“有面积错觉，是不是还有体积错觉呢？”妞妞抬起头问爸爸。

“妞妞问了一个特别好的问题！”爸爸表扬妞妞，按逻辑往深入、宽广的范围推广，也是一种能力。“体积错觉也很常见啊，比如，一个正方体，棱长是10厘米，需要几个棱长是5厘米的正方体填满？一个直径是11厘米的圆球体积比直径10厘米的圆球体积大多少？最后你猜猜直径为10

图2　钢缆横切面

厘米的圆球，如果体积增加一倍，半径需要增加多少？”

“第一问很简单，是8个，不是4个。第二问我得计算一下。”妞妞简单计算了一下，“半径增加10%，圆球体积增加了33%啊！有点儿大啊！”

“这和我们的直观感觉是不一样的。比如，夏天吃西瓜，西瓜个儿大一点点，质量就大好多，常常吃不完。”

妞妞点头，大一点的西瓜感觉都抱不动。“那么我猜半径需要增加30%，圆球体积增加1倍。”

“这个猜测算基本正确吧！”爸爸也知道不太可能完全准确，但是这种感觉方向是对的，“我们实际只需要计算2的立方根即可。至于为什么，你自己可以事后想一想！”

“2的立方根约是1.26，是不是说只需要半径增加26%就可以把体积增大1倍呢？我知道了，它们之间的关系是立方的关系。”

“正确！我再给妞妞讲一道相关的题。”爸爸想再给妞妞讲一些历史上发生过的有趣的故事，“1702年英国数学家惠灵顿向学生提出来一个问题：用一条彩带沿地球赤道紧紧围绕地球（图3），我们先假设地球是一个完美的圆球！现在如果要让彩带在离地球地面一米高的距离绕地球一周，请问需要把彩带加长多少米？”

“应该增加挺多的！”妞妞拿起笔来计算，嘴里小声地回答爸爸的问题。妞妞写下的计算是这样的：

$2\pi(r+1)-2\pi r=2\pi$。

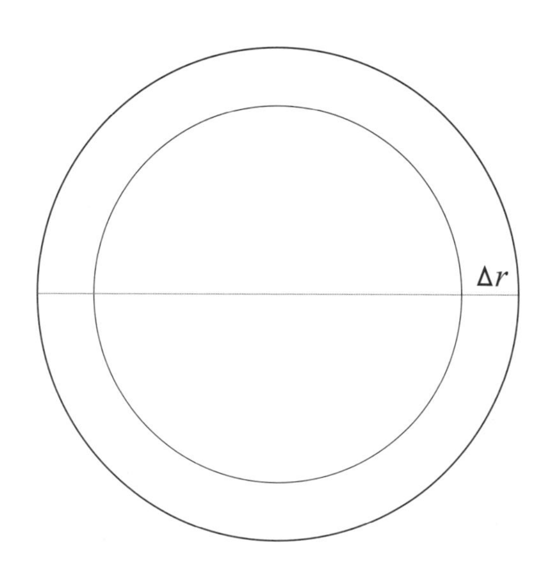

图3　彩带沿地球赤道围绕地球平面示意图

“r是地球的半径。”妞妞很吃惊地抬起头，“只需要增加6.28米吗？是不是算错了啊？”

“没有算错，结果完全正确！惠灵顿的学生的第一反应和你是一样的。”爸爸微笑着说，这正是他希望看到的效果，“你注意到了吗？这个增加的长度实际上和球体的大小无关。也就是说，小到篮球，大到地球，如果要把紧紧围绕的彩带升高一米，都需要把彩带加长6.28米。”

“好像是的！这个和我们的感觉完全不一样。觉得大一些的球应该需要增加更长的彩带。”

“我们把这个题目修改一下再做一道，可能还有更让你吃惊的事情。”爸爸说着在纸上画图（图4）。

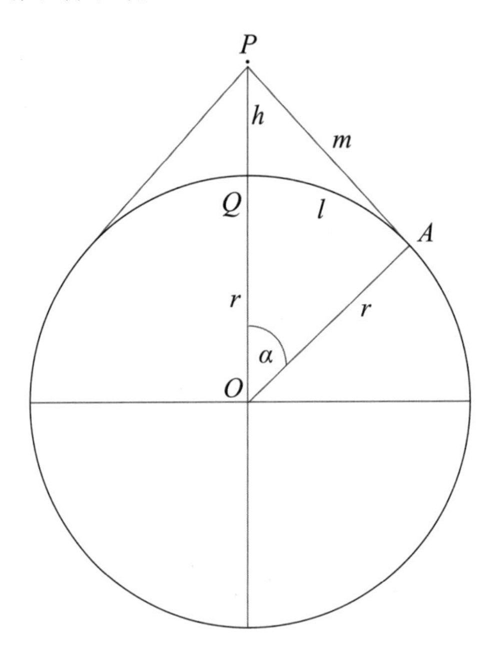

图4　彩带升高后平面示意图

“假如我们地球的紧身腰带增加了1米长，注意只加长1米。然后用钩子把腰带勾起来，像图中看到的这样。请问钩子离地面的高度是多少？”

“就是要求高度h的值，已知地球的半径r，AP的长度m，比弧长l也就是AQ长0.5 米，对吧？”妞妞想了一会儿，“我猜会有几十米高吧！不过这个计算会很麻烦。”

“计算确实比较麻烦一点，不过问题想清楚，写出过程也就简单了。干脆爸爸来给你讲一讲。”爸爸在纸上写下这些算式。

由$\tan\alpha=\frac{m}{r}$，有$m=r\tan\alpha$。

由$\frac{\alpha}{360^\circ}=\frac{l}{2\pi r}$，有$l=\frac{2\pi r\alpha}{360^\circ}=\frac{\pi r\alpha}{180^\circ}$。

由$m-l=0.5$，有$r\tan\alpha-\frac{\pi r\alpha}{180^\circ}=0.5$，这是一个三角方程。

“我们先把夹角算出来就好办了。把地球的半径 6 378千米[①]此处按6 378进行计算代入等式，可以计算出α 的角度是 0.355°，这个计算比较难一些，涉及三角方程，我们先不管它具体怎么解，反正爸爸已经解出来了。往下的计算就很容易了。”爸爸接着往下写。

由$\tan\alpha\approx 0.006\,178\,544\,171$，求得

$m=r\tan\alpha=6\,378\,000\times 0.006\,178\,544\,171\approx 39\,406.75$（米）。

“由勾股定理，已知 r 和m 是两条直角边，AP是切线，可以求斜边长

① 编辑注：此处的地球的半径按照6378千米进行计算。

为——”爸爸接着写：

$OP=(6\ 378\ 000^2+39\ 406.75^2)^{\frac{1}{2}}=(40\ 678\ 884\ 000\ 000+1\ 552\ 891\ 945.5625)^{\frac{1}{2}}$
$\approx 6\ 378\ 121.74$（米），

$h=OP-r=6\ 378\ 121.74-6\ 378\ 000=121.74$（米）。

“钩子离开地面有121.74米这么高！”妞妞抬起头，一脸的不相信。“怎么会这么高啊？不过是加长了1米而已。”

“这是完全违背我们的直觉的事情，但是确实会发生。区区的1米延长，就可以让腰带下面通过约121米高的东西。小误差可能造成的影响是不容忽略的啊！”爸爸语重心长地说。

“这和我的想象完全不一样啊！”不可思议的事情还真不少。

“我们再来讨论一道题，也和我们的直观感觉不太一致。你看这些图。”爸爸在纸上画了几个图（图5）。

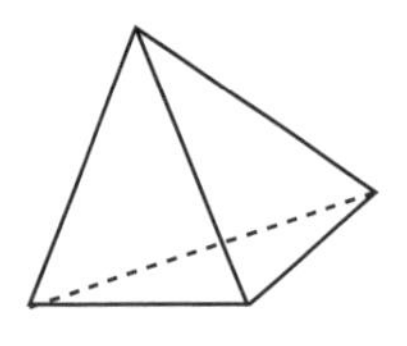

正四面体 A

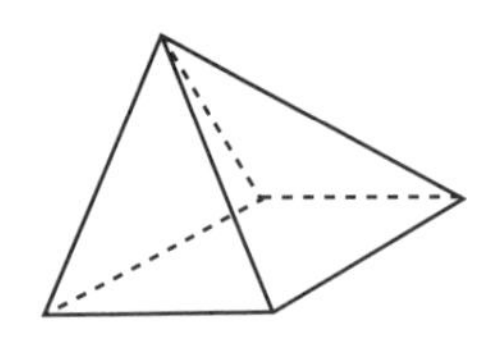

底为正方形的五面体 B

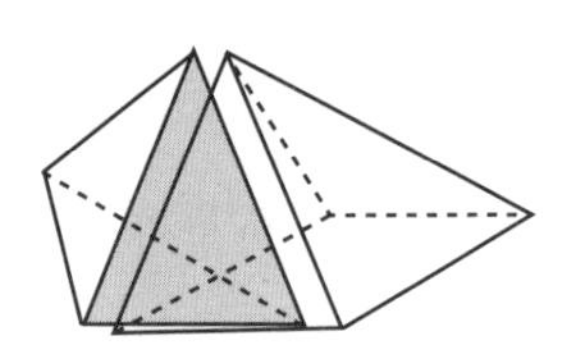

新立方图形 C

图5

“现在有两个立体图形：一个是正四面体；另一个是金字塔（五面体），也就是底面是正方形，四个表面是等边三角形。如果它们的三角形侧立面完全重合，请问把两个立体图形放到一起的时候，形成的新立体图形有几个面？”爸爸问。

“这个比较简单吧？ 合并之后少了两个面，新立方图形有7个面。这个题目是不是像：砍掉方桌的一个角，还剩几个角一样啊？”

“嘿嘿，错了！”爸爸很得意自己的小把戏成功了，“应该是5个面，因为正面的两个面和对面的两个面会完全合二为一，你仔细想想。”

“哦，是这样啊！”妞妞恍然大悟。

“这个错误好多年都没有人发现，据说美国中学生毕业水平考试中曾经出过这个题，原正确答案就是7个面。一直到多年之后有毕业生坚持认为是5个面，并且用立体几何的定量证明了是5个面而非7个面，大家才意识到这个错误。”

“发现这样的错误还真不容易。”

“概率也有一些和常人感觉不太一样的事情，我们需要小心求证。美国20世纪五六十年代有一档猜奖的节目。游戏规则大致是这样的：桌上有3个一模一样的盲盒A，B，C，其中只有一个里面装有中奖信息，其他两个没有。由客人先选定一个，我们不妨就称它为A盒。然后，主持人会当众打开一个没有被选中的且没有中奖信息的盲盒。我们不妨称之为C盒，当然这里有一个前提是主持人知道所有盲盒内的秘密。之后给客人一次再选择的机会，请问：如果你是客人，你是不是需要换选到盲盒B？”（图6）

“没有必要换吧！”妞妞想了一下说，“反正都是不知道，选哪个都一样。”

“这确实是一种策略，可惜不是最佳。数学家是这样考虑这个问题的。”爸爸的微笑里面有些暗示的信息，“我们把题目变换一下。假设桌子

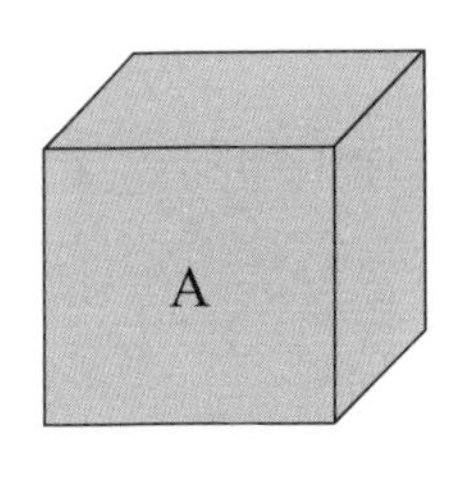

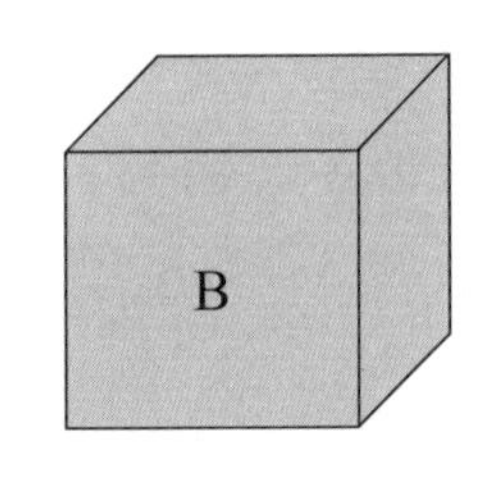

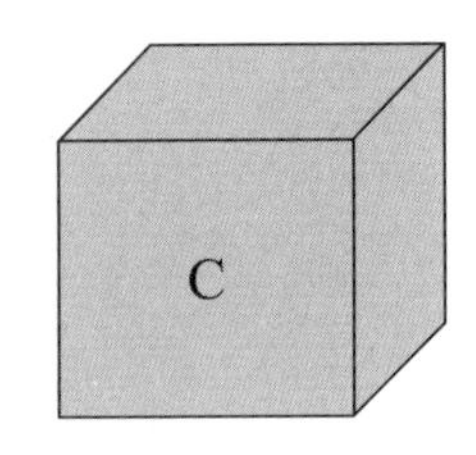

图6　盲盒

上有100个盲盒，还是只有一个里面有中奖信息。你先选中一个之后，主持人会拿走98个没有中奖的盲盒，只剩下你选中的盲盒和另外一个盲盒。同样，你有一次机会再选择，请问你会换吗？”

“我会换。”妞妞想了一会儿。

“为什么呢？”爸爸问，看来小姑娘是想明白了点什么。

“我第一次在100个盲盒里面选中的可能性很低，主持人拿走98个后，另外一个是中奖盲盒的可能性显然高于我先前选中的。”

“对呀！这是两次选择，每一次选择的概率不一样。以100个盲盒为例，第一次是$\frac{1}{100}$的概率中奖，第二次是$\frac{1}{2}$的概率中奖。最佳结果的重新选择就是换一个，对吧？”

“那为什么只有3个盲盒的时候，没有这种感觉呢？”妞妞觉得很奇怪。

“所以我们需要数学思维和数学工具。第一次选择，你有$\frac{2}{3}$的可能性是错误的，$\frac{1}{3}$的可能性是正确的。如果你不改变，这个成功可能性会维持不变，不在乎主持人做什么动作。而第二次如果你改变了，你成功的可能性和失败的可能性都是$\frac{1}{2}$，这个结果明显要好于前者，对吧？”

“对的。看来还是数学家的思考正确。科学可以破除迷信！”妞妞很严肃，“感觉比不过科学，哦！比不过数学！”

“也不能过度啊！我们再看一个例子：掷骰子游戏比大小（图7），出现1，2，3算小，4，5，6算大。看上去很公平，对不对？”

“当然，大小概率是一样的啊！”妞妞点点头。

图7　骰子

爸爸在纸上写下一行算式：

$$\frac{1}{6}\times 1+\frac{1}{6}\times 2+\frac{1}{6}\times 3+\frac{1}{6}\times 4+\frac{1}{6}\times 5+\frac{1}{6}\times 6=\frac{21}{6}=3.5。$$

“出现大于3的概率显然大于出现小于或等于3的概率，对吗？”爸爸问。

“这是什么情况？我怎么从来没有这样想过啊！看上去很有道理啊！”

爸爸又写下一行算式：

$$\frac{1}{6}\times 1+\frac{1}{6}\times 2+\frac{1}{6}\times 3+\frac{1}{6}\times(-1)+\frac{1}{6}\times(-2)+\frac{1}{6}\times(-3)=0。$$

“如果骰子制作均匀完美，改变在任何一个面上刻的数字都不会影响掷骰子的结果。我决定不在六个面上写1，2，3，4，5，6，而是改成1，2，3，−1，−2，−3这六个数。规定正数算大，负数算小。这样计算期望值就为0。这说明什么呢？骰子没有做什么根本性的改变，游戏怎么突然变得合理了呢？”

“这个还真是不知道为什么。”妞妞喃喃地说，大脑在不停地转动。

“骰子的六个面出现的可能性是一样的，都是$\frac{1}{6}$。如果你计算骰子掷出之后的点数，计算多次的平均值，那么应该是3.5。可是平均值大于3，并不意味着骰子随机掷出时，点数出现在大数区的可能性比出现在小数区的可能性大。骰子一直都是公平的，对吗？我们还可以更大范围地更改每个面上的数字，使得到的期望平均值千变万化，但是这并没有影响骰子每一个面出现的机会保持在$\frac{1}{6}$。”

“这个我还要想一下，有点儿绕。”妞妞明显还是没有完全接受这些，或许是一下子讲太多了，爸爸想。

“好吧，最后我们一起来做一道题吧！这个结论和我们日常感觉也有点儿不一样。你过生日时候的小派对还记得吧？咱们的题目就和生日有关，你们班35个人，至少有两人生日一样的可能性是多少？”

“是$\frac{2}{35}$吗？”妞妞想了一会儿说，“大概6%。不过我们班有两对的生日是同一天。”

“妞妞这个答案肯定不对，你想，如果我们把同年的都叫生日一样，那你计算的概率还是$\frac{2}{35}$吗？”

“你说什么？”妞妞一下子没有反应过来。

“爸爸是说你的计算里面没有体现一年365天，所以肯定是不对的。

如果要计算至少有两个人生日相同，那么3个人、4个人……35个人生日相同的概率都要加起来。简单一些的做法是用100% 减去没有人生日相同的概率。正确的计算是这样的。”爸爸开始在纸上写：

假定一年是365天，不考虑闰年因素。

第一个人的生日可以是任意一天，可能性是$\frac{365}{365}$；

第二个人不能和第一个人的生日一样，可能性是$\frac{364}{365}$；

第三个人不能和前两个人同一天生日，可能性只有$\frac{363}{365}$；

……

第35个人不能和前面34个人同一天生日，可能性只有$\frac{331}{365}$。

全班35个人，没有人生日相同的概率是

$$\frac{365\times364\times363\times\cdots\times332\times331}{365^{35}}$$

$$=\frac{365\times364\times\cdots\times361}{365^{5}}\ \frac{360\times359\times\cdots\times356}{365^{5}}\cdots\frac{335\times334\times\cdots\times331}{365^{5}}$$

$=0.185\ 62$。

所以，至少有两个人同学生日相同的概率是 $1-0.185\ 62=0.814\ 38$。

“也就是说你们班人不算多，但是超过81%的可能性至少有两个人的生日是一样的。”爸爸计算完之后长出一口气。这个计算还是有点烦琐的，需要分成7个组分别计算，再相乘，不然计算数字会超过计算器的精度。不过还是得感谢手边有计算器，不然手工来算基本上需要半天时间，正确率还不能保证。

“这个可能性很大了！”妞妞说，“这和我想象的还真不太一样。”

“同样可以计算出如果40个人，至少有两个人生日相同的概率是89%。50个人时，至少有两个人生日相同的概率为97%，这基本上就是必然发生的事件了，对吧？”

“但是100%概率需要366个人，对吗？”妞妞觉得挺奇怪的，不过又说不出为什么。

“对啊！这是鸽子笼原理。”爸爸觉得今天讲得确实有些不一样，“最后，妞妞有时间的时候，照这个办法计算一下你们合唱团23个人，至少有两个人生日相同的概率，好不好？”

8. 孤独的质数

——质数也有伙伴

有一部电影叫《质数的孤独》，讲述的是青春期孩子的故事。电影根据一位年轻的意大利粒子物理学家的同名小说改编，获得第67届威尼斯电影节最佳女演员奖。电影名字挺有吸引力，爸爸原以为是讲数学相关的东西，结果发现被骗了。质数完全是一个隐喻，是说两个孤独的孩子难以沟通，不能真正放下自我，相互理解。女主角爱丽丝的演绎细致入微，令人感动。电影风格青涩、抑郁、失落而悲伤，令人感动的同时，也让人更深刻理解人格形成背后的原因和过程（图1、图2）。

图1 《质数的孤独》封面

图2 《质数的孤独》电影剧照

爸爸看过后，觉得不错，推荐给妞妞看。妞妞不喜欢电影里面的霸凌暴力，不过很喜欢里面的友谊和善良，那种稚嫩纤细、小心翼翼地接触和交流，原来外国孩子的青春期和中国孩子的并没有多大的区别。于是妞妞给同学们讲，结果在全班、全年级都流传开了。

爸爸总觉得妞妞在学校的好朋友太少，于是专门给妞妞买了这本书的中文译本。妞妞看得很慢，书中叙事确实更加翔实，覆盖的时间更长，细节和心理活动描绘得更细腻。有了之前电影的预先角色设定，书中情节想象让人感觉更具体、真实，画面感更强。先看书，再看电影就不一样，常常会觉得电影哪里不对，因为在读书的时候我们会根据自己的生活理念赋予他们各自的形象，而这往往和电影大不一样。一万个人心中有一万个哈姆雷特，大概就是这个意思吧！

“质数有多孤独呢？”妞妞问爸爸，“质数挺多的，为什么要用质数来形容人的孤独呢？”

“质数也叫素数，是不能有1与它本身之外的因数的自然数，所以任何两个质数之间是没有公因数的，不是挺像两个人没有共同语言吗？你还记得北美每隔17年才从地底下爬出来的蝉吗？质数年的周期可以最有效地避开猎食者和竞争者。齿轮的齿也都采用质数，以保证磨损均匀。我想这是作者用质数比喻两个人之间有距离、不能沟通的原因。”爸爸说，“其实人和人之间的沟通交流特别重要，一个人的快乐和朋友交流后就会变成两个人的喜悦；一个人的忧愁和朋友倾诉了就会减少一半。《质数的孤独》中男女主人公就像是两个质数，没有公因数。尽管双方都在努力对话，都有亲近的愿望，但是他们小时候的不幸经历使他们出现沟通障碍，两人都在隐藏什么，不能真正理解对方话语背后的东西，或许作者是在感叹人和人之间的沟通是多么困难吧。”

“我们语文课上老师讲过用动物、植物来比喻人，从来没有说过用数字，比如用质数来比喻人的。”妞妞眯起眼睛，嘴角上翘，顽皮地微笑起来，“不过想想觉得还挺好玩的，只是如果数字学不好，忘了质数的定义，估计看到这个题目也不懂它想说什么了。”

爸爸觉得妞妞说得挺对，想起来她小时候第一次吃到薄荷叶时，说这是牙膏味，也不由得微笑起来。“我们一般都用熟悉的东西比喻不熟悉的，用形象的东西比喻不好直接描述的。用质数比喻人估计也就是粒子物理学家喜欢做的，一般作者不会这样做，这也是这部作品的独特性的体现。”

“数学家估计也会喜欢！”妞妞望着爸爸大笑。

“对的！对的！”爸爸想起自己大学的求学时光，忙不迭地表示赞同，“我当时的同宿舍同学是潘承彪先生的学生，他给我讲了好多数论方面的知识。他确实说过人和人之间就像质数和质数彼此不能理解。”

“独特果然就是创新的开始啊！”妞妞说。

爸爸忍不住也大笑起来：“潘承洞、潘承彪是数学界有名的亲兄弟数学家，对哥德巴赫猜想做了非常好的工作。陈景润是目前给这个问题最好答案的数学家，他就常常被描写成只知道读书研究，不知道生活，连吃饭穿衣都不懂。这让后来所有的数学家都觉得荒唐，却又有口难辩。潘先生的学生张益唐先生是当今世界上优秀的数论学家之一。”爸爸在纸上写下GOLDBACH（哥德巴赫）几个英文字母。

“什么是哥德巴赫猜想呢？”妞妞好奇地问，“是猜想哪里有金子吗？”

“哥德巴赫是德国数学家，他在18世纪提出了一个数学猜想，大于2的偶数可以写成两个质数之和。这个猜想对任何一个偶数都可以做到，但是就是没有人能够证明它。”（图3）

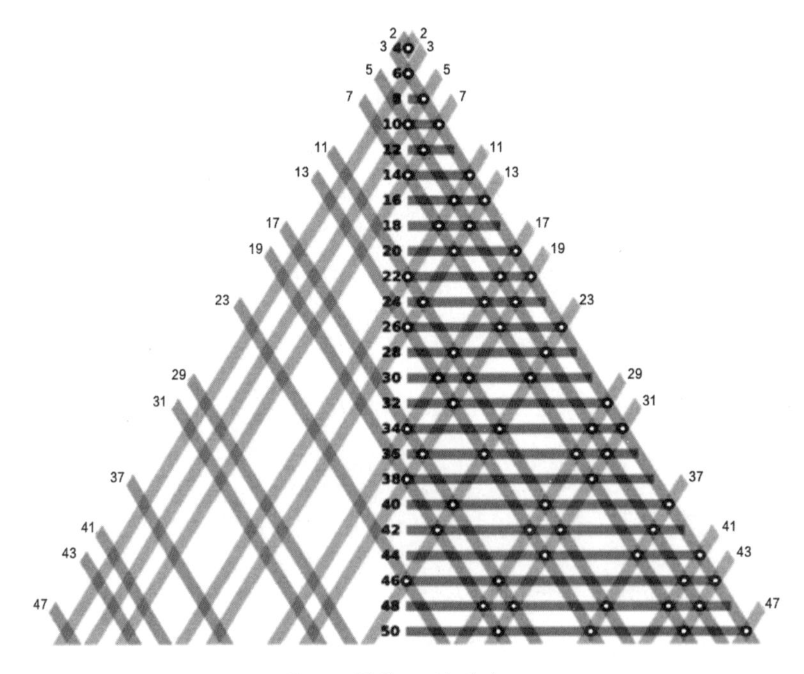

图3　哥德巴赫猜想

“这不是挺容易的吗？”妞妞试着写下了几个等式，6=3+3，10=7+3，18=11+7。

“我们目前还没有办法证明这个结论对所有的偶数都成立。这个证明涉及很多复杂的数学理论和方法，你目前还没有机会学习到。”

爸爸想怎么才能把这件复杂的事情给孩子讲清楚。“一批又一批数学家经过了200多年的努力，目前已经证明了大于2的偶数可以表示为一个质数加另外两个质数的乘积之和，这是中国数学家陈景润证明的，简称为

1+2。”

“1+2太简单了，1+1不是更简单吗？”妞妞觉得有点儿不好理解，困惑地不断眨眼睛。

“这只是简称，实际的证明非常复杂。为了解决这个问题，数学家们发明了许多新型的数学理论和方法，所以有人说哥德巴赫猜想是一只生蛋的母鸡。”

妞妞点点头，说：“数学题是母鸡，还会生蛋！这个很好玩！”

“就是因为题目太简单，每年都有成千上万的业余数学家宣称解决了这个问题。爸爸上学的时候还在学校系办公室见过声称证明了哥德巴赫猜想的业余数学家，不过都是错的。”爸爸不由得想起来那位衣着破旧、面目清瘦的中学数学教师，又想起那本当时少见的黑色精装版十六开的沉甸甸的书——华罗庚先生的《数论导引》，免不了又倒吸一口凉气，那本书实在是没有静下心来读下去。

“质数其实是有无穷多个的，但是越大的质数越稀疏。”爸爸拿出一张纸，写下来一列质数：2，3，5，7，11，13，17，19，23，29，31，37，41，43，47，53，…（表1）。

“那会不会特别特别大的时候，就找不到质数了呢？”妞妞问。

“不会的，我们目前通过计算机计算证明的最大的质数是$2^{82\,589\,933}-1$（用2的指数寻找出来的质数，称之为梅森数，记为$M_{82\,589\,933}$）（表2），这个数字一共有24 862 048位，将近两千五百万位的数字，你说大不大？”妞妞眼睛瞪得老大，小嘴圆圆，很是惊奇地问：“你总是在寻找更大的质数，怎么知道质数一定有无穷多个呢？”

表1　500以内的质数

2	3	5	7	11	13	17	19
23	29	31	37	41	43	47	53
59	61	67	71	73	79	83	89
97	101	103	107	109	113	127	131
137	139	149	151	157	163	167	173
179	181	191	193	197	199	211	223
227	229	233	239	241	251	257	263
269	271	277	281	283	293	307	311
313	317	331	337	347	349	353	359
367	373	379	383	389	397	401	409
419	421	431	433	439	443	449	457
461	463	467	479	487	491	499	

表2　第35~50个梅森质数表

序号	质数p	位数	发现时间	发现者[①]	国家
35	1 398 269	420 921	1996–11–13	Joel Armengaud	法国
36	2 976 221	895 932	1997–08–24	Gordon Spence	英国

① 编辑注：以下发现者均来自GIMPS（Great Internet Mersenne Prime Search）项目，即因特网梅森质数大搜索项目。本书不再对发现者进行一一翻译。

续表

序号	质数*p*	位数	发现时间	发现者	国家
37	3 021 377	909 526	1998–01–27	Roland Clarkson	美国
38	6 972 593	2 098 960	1999–06–01	Nayan Hajratwala	美国
39	13 466 917	4 053 946	2001–11–14	Michael Cameron	加拿大
40	20 996 011	6 320 430	2003–11–17	Michael Shafer	美国
41	24 036 583	7 235 733	2004–05–15	Josh Findley	美国
42	25 964 951	7 816 230	2005–02–18	Martin Nowak	德国
43	30 402 457	9 152 052	2005–12–15	Curtis Cooper & Steven Boone	美国
44	32 582 657	9 808 358	2006–09–04	Curtis Cooper & Steven Boone	美国
45	43 112 609	12 978 189	2008–08–23	Edson Smith	美国
46	37 156 667	11 185 272	2008–09–06	Hans-Michael Elvenich	德国
47	42 643 801	12 837 064	2009–06–15	Odd Magnar Strindmo	挪威
48	57 885 161	17 425 170	2013–01–25	Curtis Cooper	美国
49*	74 207 281	22 338 618	2016–01–07	Curtis Cooper	美国
50*	77 232 917	23 249 425	2017–12–26	Jonathan Pace	美国

注：1. 目前还不确定在M_{48}和M_{51}之间是否还存在未知的梅森质数，其后的序号用*标出。

2. 本表中梅森质数的数值从略。

爸爸看着妞妞，等了一会儿，接着说："证明质数无穷其实是几千年前古希腊数学家欧几里得的杰作，他用下面的反证法证明了质数有无穷多。欧几里得在《几何原本》中有详细的证明。其具体证明是这样的：

首先假设质数只有有限个，假设总共有n个，n是一个固定的数字。这些质数从小到大依次排列为p_1，p_2，…，p_n。把它们相乘，得到积$N=p_1\times p_2\times\cdots\times p_n$，那么$N+1$是质数还是合数呢？两者都不可能。

如果$N+1$是质数，那么$N+1$显然大于p_1，p_2，…，p_n，所以它不在那些假设的质数中，这是一个新的质数。这和假设矛盾。

如果$N+1$是合数，因为任何一个合数都可以分解为几个质数的积，而N和$N+1$的最大公约数是1，所以$N+1$不可能被p_1，p_2，…，p_n整除，所以$N+1$这个合数分解得到的质数的因数一定是一个新的质数，肯定不在假设的质数中。这也和假设矛盾。

因此无论$N+1$是质数还是合数，都意味着在假设的有限个质数之外还存在着其他质数，与假设矛盾，所以原先的假设肯定不成立。反过来，也就是说，质数一定有无穷多个。

"这样证明太厉害了！"妞妞一边双手抱着头，使劲向后仰，一边说，"几千年以前的人就这么聪明啊！太厉害了！"

"古希腊人以追求知识、追求理性为最高的人生目标，他们认为这是在破解神的秘密。人生有限，而知识永恒。你一定还知道苏格拉底、柏拉图和亚里士多德，还有毕达哥拉斯、阿基米德，对吧？"

“对呀，阿基米德就是那个洗澡的时候发现如何检测王冠是不是掺了杂质的人。”妞妞笑着举起两只手，一只手里还拿着一支铅笔，“‘尤里卡！我发现了！’也不管自己是不是着装了。”

妞妞望着爸爸：“质数这么多，无穷多，那么质数就不寂寞了吧？”

“无穷多是无穷多，但是数字越大，质数越稀少，质数之间的间距也越拉越大。”爸爸又写下几个数字，“刚才说到质数越来越稀少。你看1到100之间有25个质数，101到200之间有21个质数，下一百个数中有16个质数，再下一个一百个数中有17个质数。随着数字越来越大，总体上质数也越来越稀少，但并没有任何可精确预测的公式能计算到底每100个数字中有几个质数。实际上到了100万和101万之间的时候，就只有6个质数了。”

妞妞慢慢地说：“这好像应该是合理的吧？你想数字越大，数字含有因数的种类越多，是合数的可能性也越大。”

“妞妞真棒！”爸爸竖起大拇指，“小于一个自然数x的质数个数约等于$\frac{x}{\ln x}$，$\ln x$是以e为底的对数，也叫自然对数，咱们以后会学到。x越大，这个估计值越准，这是数学家高斯发现的，他计算固定数字段的质数个数，发现质数个数无限逼近这个比值。由此也可以推断出质数分布的密度。可以证明，当数字继续大下去，质数在所有自然数中的占比会趋近于0。不过这个太复杂了，就不讲了，以后你有兴趣再学习。”

爸爸在计算机里调出了一张表格：“可以看看这张表。”（表3）

表3

取值范围	质数的个数	质数占比
1~10	4	40.00%
1~100	25	25.00%
1~1 000	168	16.80%
1~10 000	1 229	12.29%
1~100 000	9 592	9.59%
1~1 000 000	78 498	7.85%
1~10 000 000	664 579	6.65%
1~100 000 000	5 761 455	5.76%
1~1 000 000 000	50 847 544	5.08%

“果然是越来越稀少，难怪说孤独的质数，它们还真是挺寂寞的，找到一个朋友不容易。”

“是呀，实际上我们可以构造出任意长的连续自然数列，”爸爸写下一串数字 $100!=100\times99\times98\times\cdots\times3\times2\times1$，接着又写下一串计算式。

“感叹号，数学上称之为阶乘，看上去挺唬人，其实挺简单的，就是从1，2，3，4一直乘到这个数。100！就是1到100这100个自然数的乘积。简单计算可以估计一下这样的数字有多大。”

1！ = 1；

2！ = 2 × 1 = 2；

3！ = 3 × 2 × 1=6；

4！ = 4 × 3 × 2 × 1=24；

5！ = 5 × 4 × 3 × 2 × 1=120；

6！ = 6 × 5 × 4 × 3 × 2 × 1=720；

7！ = 7 × 6 × 5 × 4 × 3 × 2 × 1=5 040；

8！ = 8 × 7 × 6 × 5 × 4 × 3 × 2 × 1=40 320；

9！ = 9 × 8 × 7 × 6 × 5 × 4 × 3 × 2 × 1=362 880；

10！ = 10 × 9 × 8 × 7 × 6 × 5 × 4 × 3 × 2 × 1=3 628 800。

“100！一定是一个好大的数字！”妞妞很肯定。

“对呀，如果我们研究一下这99 个相连的数字：100! + 2，100! + 3，100! + 4，…，100! + 100。这99个相连的自然数全部都是合数。”

“为什么呢？”妞妞一下子还没有理解，小眉头紧缩着。

“随便拿一个数，如100!+33 这个数字。由于33 能整除100!，因为100！中有33这个因数，所以100!+33必定也能被33整除。可以证明凡是 $2 \leqslant k \leqslant 100$，则100!+$k$一定会是$k$的倍数，$k$一定是100!+$k$这个数的因数，所以这99个数字一定都是合数，对吧？”

“对的，一定有至少一个除1与它本身之外的因数。”妞妞点头表示明白了。

“这样的话，我们更进一步，可以找出任意长的、没有质数出现的连续自然数列，你想多长就多长。比如，1 000 000 000!+k，k取2到1 000 000 000之间的自然数，这样就有长达10亿个连续数字是合数，中间一个质数都没有。”

妞妞惊讶地吐舌头，表现出一副不可思议的样子。“数字越大，那是不是就越难找到差不多大的质数了？”妞妞一字一顿地说。

“不是啊，数字越大，有些质数之间的间隔会变大，但是质数是无穷多的，刚才咱们不是看到了欧几里得的证明吗？我们相信相邻的质数对也是无穷多的。刚才说到的张益唐先生就证明了自然数列中存在无穷多个相差小于7 000万的质数对。这是一个天才般的证明，也是孪生数猜想问题的一个伟大的进步。后来很多数学家致力于把7 000万缩小。你想如果缩小到2，不就是证明了存在无穷多的孪生数吗？最好的成绩是华裔数学家陶哲轩取得的，他已经证明存在相邻的不超过246的无穷个质数对。你看不是所有的质数都没有邻居，有些质数还是有邻居的，它们看来不都是那么寂寞孤单。”（图4）

“我知道什么是孪生质数，就是只差2的两个质数，这一对数就是孪生质数，就像孪生兄弟一样。”

“完全正确，你看你的小堂弟铭梓和铭扬，长得几乎是一样的，虎头虎脑，只是头顶的发旋刚好相反。”妞妞很喜欢和这两个长得几乎一样的小弟弟玩。

“孪生兄弟可好玩了。我们年级还有一对孪生姐妹，老师常常都分不出来，就要求她们两个用头绳分开，姐姐用深颜色的头绳，妹妹用浅颜色的头绳，不过她们俩自己有时候也搞混。哈哈！”

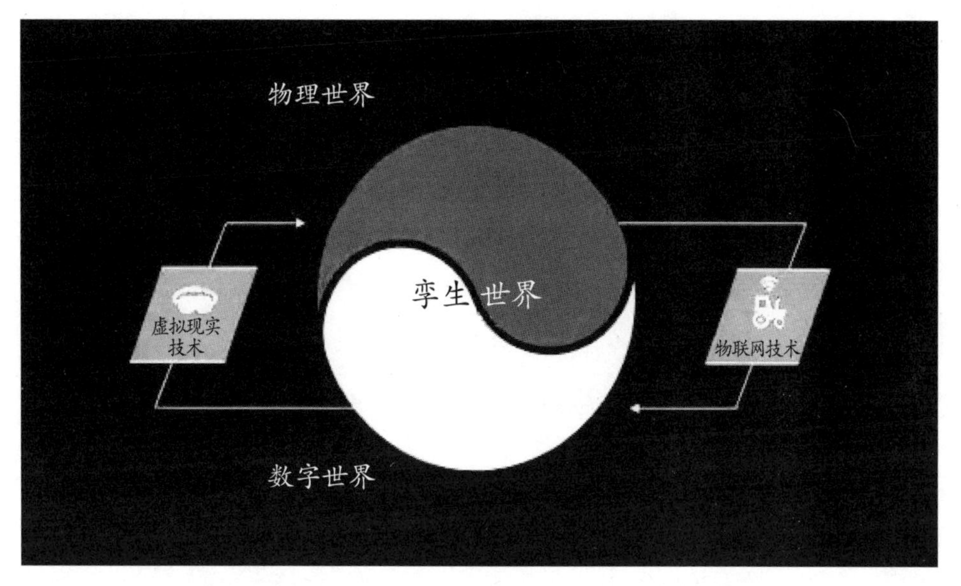

图4　孪生世界

有个孪生子做伙伴真是好！爸爸在心里感叹，一个孩子的成长，缺少兄弟姐妹的陪伴，会不会在他们的人格上留下阴影呢？他们会不会不知道友情，不知道分享，不知道将心比心？

“孪生数是不是无穷的，其实还没有完全被证明，不过我们相信它们是无穷的，这个证明应该快要完成了。”

爸爸在纸上写下一串数字。

(3,5)，(11,13)，(17,19)，(29,31)，(41,43)，(59,61)，(71,73)，(101,103)，(107,109)，(137,139)，(149,151)，(179,181)，(191,193)，(197,199)，(227,229)，(239,241)，(269,271)，(281,283)，(311,313)，(347,349)，(419,421)，(431,433)，(461,463)，(521,523)，(569,571)，(599,601)，(617,619)，…

“这些都是孪生数。质数通常比平均预计的更加频繁地出现，或者相隔更远，它们的分布并不均匀。孪生质数比质数当然要更加稀少，不过看上去也是无穷的。1 000以内有30多对孪生质数，不算少了。借助于强大的计算机，我们目前找到了很多巨大的孪生数，如$3\,756\,801\,695\,685\times2^{666\,669}-1$和$3\,756\,801\,695\,685\times2^{666\,669}+1$。这对孪生数实在是太大了，有200 700位。计算机计算证明它们是质数都很不容易，据说这是目前发现的最大孪生数。随着计算机能力的提高，相信这个纪录还会不断被打破。”

“怎么证明一个巨大的数字是质数呢？像我们老师教的那样一个一个用因数来除，做因数分解吗？”

“基本原理是这样的。稍微高效一些的算法是用计算机把从2开始，到$\sqrt{N}$之间的质数拿来除就可以了，如果都除不尽，那么这个数就是质数。这样可以节省计算时间，更快计算出结果。”

“这个我明白了。爸爸，我有一个问题。”妞妞想了一会儿说，她有点儿兴奋，小脸红扑扑的。

“如果拿最大的质数和其他小一些的质数相乘，然后加1，这不就是一个更大的质数吗？”

“妞妞真棒，这样想问题确实值得表扬。”爸爸不由得赞叹，心里很高兴，能提出这样的想法说明孩子在深入思考，而且说实话这个构思还挺奇妙。

“确实，这样构造出来的数字，作为相乘因数的质数来除都除不尽，但是这并不能保证其他质数的因数不会被整除。我举两个例子。”爸爸在纸上写了两个算式。

$3\times5+1=16$;

$2\times3\times5\times7\times11\times13+1=30\,031=509\times59$。

“你看，3和5都是质数，乘积加1得16，肯定除不尽3和5，但是2，4，6，8都除得尽，对吧？”爸爸稍微等了一会儿。

“连续的质数2，3，5，7，11，13相乘，它们的乘积是30 030。30 031肯定除不尽2，3，5，7，11，13，但30 031不是质数，它至少可以除尽59这个质数。30 031的平方根约是173.3，在13到173 之间还有质数，它们可以是这个乘积的因数。”

妞妞缓慢点头，表示已经听懂了。爸爸觉得非常欣慰，慢慢地接着往下讲（图5）。

“爸爸再给妞妞讲一个很神奇的乌拉姆螺旋（图6）。”爸爸还记得自己第一次看到乌拉姆螺旋时的震惊。

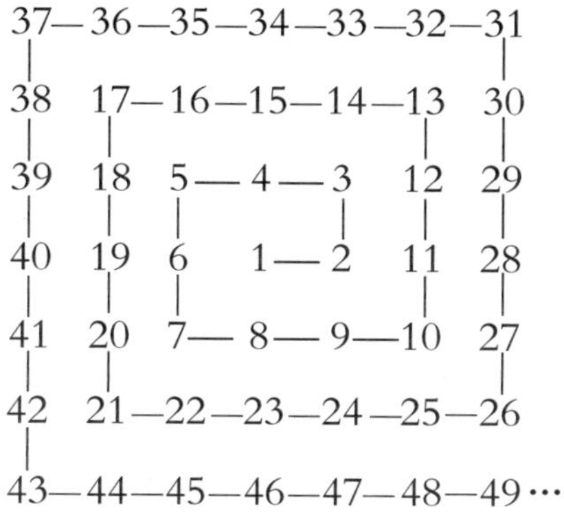

```
37—36—35—34—33—32—31
|                  |
38  17—16—15—14—13  30
|   |           |   |
39  18   5—4—3  12  29
|   |    |   |  |   |
40  19   6  1—2 11  28
|   |    |      |   |
41  20   7—8—9—10   27
|   |               |
42  21—22—23—24—25—26
|
43—44—45—46—47—48—49…
```

图5　自然数螺旋排列

“波兰数学家乌拉姆在一次无聊的研讨会上，用草稿纸随手把自然数按螺旋方式排列，然后把质数标出来，让他非常惊讶的是他发现质数的出现似乎有某种规律，而当他把更多的质数标出来之后，规律似乎很明显，比如对角线上出现质数的概率很高，但是他没有办法解释这种规律。”

爸爸从计算机中找出两张图：“借助现代计算机的超级计算能力，把更多的质数标记成黑色，合数标记为灰色，作成图像就是这样的。图7是

485	484	483	482	481	480	479	478	477	476	475	474	473	472	471	470	469	468	467	466	465	464	463
486	401	400	399	398	397	396	395	394	393	392	391	390	389	388	387	386	385	384	383	382	381	462
487	402	325	324	323	322	321	320	319	318	317	316	315	314	313	312	311	310	309	308	307	380	461
488	403	326	257	256	255	254	253	252	251	250	249	248	247	246	245	244	243	242	241	306	379	460
489	404	327	258	197	196	195	194	193	192	191	190	189	188	187	186	185	184	183	240	305	378	459
490	405	328	259	198	145	144	143	142	141	140	139	138	137	136	135	134	133	182	239	304	377	458
491	406	329	260	199	146	101	100	99	98	97	96	95	94	93	92	91	132	181	238	303	376	457
492	407	330	261	200	147	102	65	64	63	62	61	60	59	58	57	90	131	180	237	302	375	456
493	408	331	262	201	148	103	66	37	36	35	34	33	32	31	56	89	130	179	236	301	374	455
494	409	332	263	202	149	104	67	38	17	16	15	14	13	30	55	88	129	178	235	300	373	454
495	410	333	264	203	150	105	68	39	18	5	4	3	12	29	54	87	128	177	234	299	372	453
496	411	334	265	204	151	106	69	40	19	6	1	2	11	28	53	86	127	176	233	298	371	452
497	412	335	266	205	152	107	70	41	20	7	8	9	10	27	52	85	126	175	232	297	370	451
498	413	336	267	206	153	108	71	42	21	22	23	24	25	26	51	84	125	174	231	296	369	450
499	414	337	268	207	154	109	72	43	44	45	46	47	48	49	50	83	124	173	230	295	368	449
500	415	338	269	208	155	110	73	74	75	76	77	78	79	80	81	82	123	172	229	294	367	448
501	416	339	270	209	156	111	112	113	114	115	116	117	118	119	120	121	122	171	228	293	366	447
502	417	340	271	210	157	158	159	160	161	162	163	164	165	166	167	168	169	170	227	292	365	446
503	418	341	272	211	212	213	214	215	216	217	218	219	220	221	222	223	224	225	226	291	364	445
504	419	342	273	274	275	276	277	278	279	280	281	282	283	284	285	286	287	288	289	290	363	444
505	420	343	344	345	346	347	348	349	350	351	352	353	354	355	356	357	358	359	360	361	362	443
506	421	422	423	424	425	426	427	428	429	430	431	432	433	434	435	436	437	438	439	440	441	442

图6　乌拉姆螺旋

按照正方形排列，图8是按照极坐标排列。”[极坐标是高中的学习内容。简单一点说，就是在极坐标系中，如果是质数，就被标记为黑色，否则就被标记为灰色。]

“好像花朵一样，质数都出现在螺线上，不过不是连续的，但是看上去确实有一定的规律。”妞妞趴在计算机屏幕前，仔细地观看。

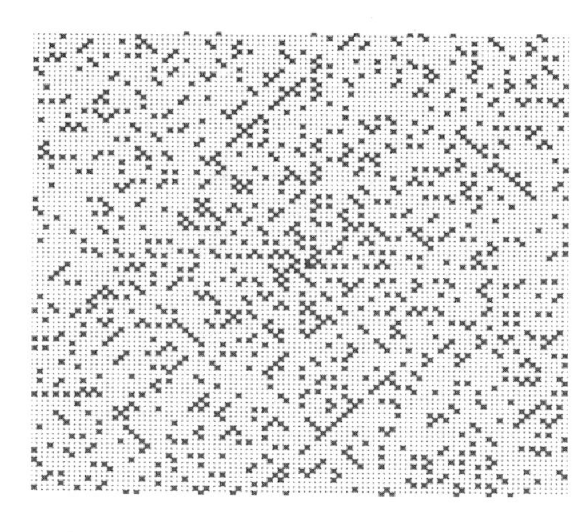

图7　按照正方形排列

图8　按照极坐标排列

“其实也很好解释。首先留下2，把比它大的偶数全部变成灰色，因为它们都有因数2。然后3是质数，所有含有3的数字就都是合数，这样就会有一些数字变为灰色。然后是5的倍数变灰……这样不断地把合数变成灰色，就像使用灰色的画笔在画螺线。剩下的数字的排列就会出现某种规律，看上去有某种结构，排成螺旋让这种规律更加明显。”

爸爸不想过多地介绍这里面的深入研究，这可是一个尚未完全被数学家理解和解释的现象。

“或许这里面有某种特别的规律在等你去发现。”

“这个图真是太神奇了！”妞妞不由地坐直了，“就像这里面藏了什么秘密。”

“我们把所有的质数排成一行，然后计算它们之间的差，下一行再计算差数列的差，不计正负数，我们会有这样的一张表。”

爸爸在计算机上给妞妞展示了一张很大的计算表格（图9）。

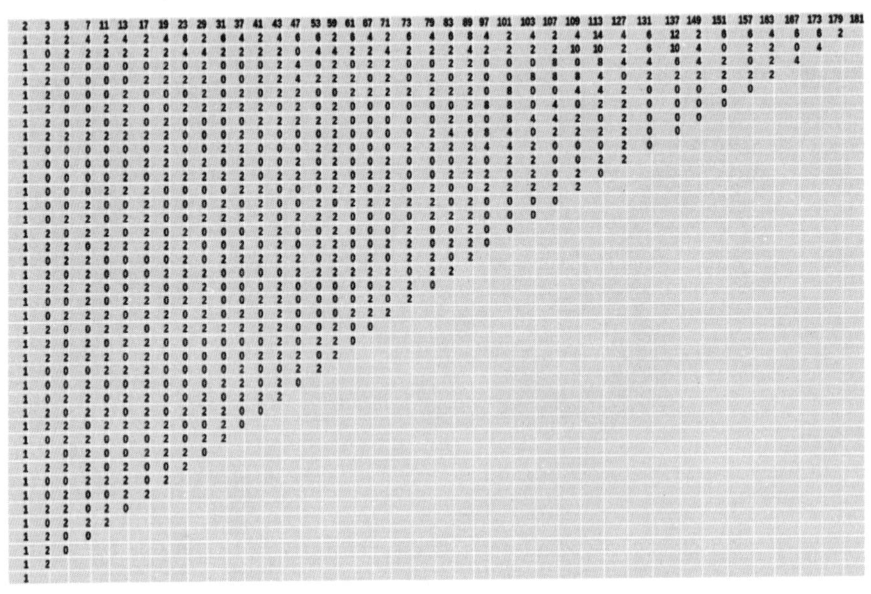

2	3	5	7	11	13	17	19	23	29	31	37	41	43	47	53	59	61	67	71	73	79	83	89	97	101	103	107	109	113	127	131	137	149	151	157	163	167	173	179	181
1	2	2	4	2	4	2	4	6	2	6	4	2	4	6	6	2	6	4	2	6	4	6	8	4	2	4	2	4	14	4	6	12	2	6	6	4	6	6	2	
1	0	2	2	2	2	2	2	4	4	2	2	2	2	0	4	4	2	2	4	2	2	2	4	2	2	2	2	10	10	2	6	10	4	0	2	2	0	4		
1	2	0	0	0	0	0	2	0	2	0	0	0	2	4	0	2	0	2	2	0	0	2	2	0	0	0	8	0	8	4	4	6	4	2	0	2	4			
1	2	0	0	0	0	2	2	2	2	0	0	2	2	4	2	2	2	0	2	0	2	0	2	0	0	8	8	8	4	0	2	2	2	2	2	2				
1	2	0	0	0	2	0	0	0	2	0	2	0	2	2	0	0	2	2	2	2	2	2	2	0	8	0	0	4	4	2	0	0	0	0	0					
1	2	0	0	2	2	0	0	2	2	2	2	2	0	2	0	2	0	0	0	0	0	0	2	8	8	0	4	0	2	2	0	0	0	0						
1	2	0	2	0	2	0	2	0	0	0	0	2	2	2	2	2	0	0	0	0	0	2	6	0	8	4	4	2	0	2	0	0	0							
1	2	2	2	2	2	2	2	0	0	0	2	0	0	0	0	2	0	0	0	0	2	4	6	8	4	0	2	2	2	2	0	0								
1	0	0	0	0	0	0	2	0	0	2	2	0	0	0	2	2	0	0	0	2	2	2	2	4	4	2	0	0	0	2	0									
1	0	0	0	0	0	2	2	0	2	0	2	0	0	2	0	2	0	0	2	0	0	0	2	0	2	2	0	0	2	2										
1	0	0	0	0	2	0	2	2	2	2	2	0	2	2	2	2	0	2	2	0	0	2	2	2	0	2	0	2	0											
1	0	0	0	2	2	2	0	0	0	0	2	2	0	0	0	2	2	0	2	0	2	0	0	2	2	2	2	2												
1	0	0	2	0	0	2	0	0	0	2	0	2	0	0	2	0	2	2	2	2	2	0	2	0	0	0	0													
1	0	2	2	0	2	2	0	0	2	2	2	2	0	2	2	2	0	0	0	0	2	2	2	0	0	0														
1	2	0	2	2	0	2	0	2	0	0	0	2	2	0	0	2	0	0	0	2	0	0	2	0	0															
1	2	2	0	2	2	2	2	2	0	0	2	0	2	0	2	2	0	0	2	2	0	2	2	0																
1	0	2	2	0	0	0	0	2	0	2	2	2	2	2	0	2	0	2	0	2	2	0	2																	
1	2	0	2	0	0	0	2	2	2	0	0	0	0	2	2	2	2	2	2	0	2	2																		
1	2	2	2	0	0	2	0	0	2	0	0	0	2	0	0	0	0	0	2	2	0																			
1	0	0	2	0	2	2	0	2	2	0	0	2	2	0	0	0	0	2	0	2																				
1	0	2	2	2	0	2	2	0	2	0	2	0	2	0	0	0	2	2	2																					
1	2	0	0	2	2	0	2	2	2	2	2	2	2	0	0	2	0	0																						
1	2	0	2	0	2	2	0	0	0	0	0	0	2	0	2	2	0																							
1	2	2	2	2	0	2	0	0	0	0	0	2	2	2	0	2																								
1	0	0	0	2	2	2	0	0	0	0	2	0	0	2	2																									
1	0	0	2	0	0	2	0	0	0	2	2	0	2	0																										
1	0	2	2	0	2	2	0	0	2	0	2	2	2																											
1	2	0	2	2	0	2	0	2	2	2	0	0																												
1	2	2	0	2	2	2	2	0	0	2	0																													
1	0	2	2	0	0	0	2	0	2	2																														
1	2	0	2	0	0	2	2	2	0																															
1	2	2	2	0	2	0	0	2																																
1	0	0	2	2	2	0	2																																	
1	0	2	0	0	2	2																																		
1	2	2	0	2	0																																			
1	0	2	2	2																																				
1	2	0	0																																					
1	2	0																																						
1	2																																							
1																																									

图9　计算表格

“妞妞能看出什么规律吗？”

“老师也教过我们找数列规律的时候用数列的差来看规律。”妞妞靠得很近来看这张表，“质数之间的差都是合数，数列差的差有很多2，而且第一列永远是1。”

“妞妞真棒！这也是一个著名的未被证明的猜想，叫吉博瑞斯猜想，就是为什么除了第一行之外，第一列永远是1。换句话来说，就是第一个数和第二个数之间永远只相差1，而有的差值有大量的2和0，没有其他的差值。你看了这张表，或许会理解为什么人们在寻找质数时，会着迷于梅森数，也就是2的指数形式了。”

“好像质数是与2的指数有关系。”妞妞似懂非懂地点点头。

“好吧，今天讲的东西挺多的，妞妞喜欢这些，爸爸就非常高兴。”爸爸写下一串数字，“据说这是最美的质数，你看看美不美？”

1 000 000 000 000 066 600 000 000 000 001 = $10^{30}+666\times10^{14}+1$。

“一串数字怎么美呢？”妞妞不以为意，“看上去倒是挺简单好记的。”

爸爸也忍不住笑了：“好吧，美不美再说。欧几里得花了很大的精力研究完美数，就是所有因数之和等于自己的数字。古希腊人认为万物皆数（图10），而完美数是数字世界的钻石，是罕见的瑰宝。每一个完美数中都包含了某种神意，如果你能发现一个别人不知道的完美数，你就会获得鲜花和赞美，获得诸神的保佑。”

爸爸又在纸上写下了两行数字：

6 = 1+2+3；

28 = 1+2+4+7+14。

“这是两个完美数的例子，你还能找出一个完美数吗？”

妞妞想了好几天，写完作业就开始在草稿纸上演算，一直都没有找出来一个完美数，心里颇为沮丧。

直到周末回家，妞妞见到爸爸，特别高兴地说：“爸爸，我找到了一

图10 立体随机整数

个完美数，496！”

“噢，可真是了不起啊！要知道目前世界上已经知道的完美数不超过50个。”

爸爸找来纸和笔，两个人在书房开始讨论。

“再接下去的两个完美数是496 和8 128，咱们看看这里面是不是有规律。”

爸爸写下了一组算式：

$6 = 2 \times 3 = 2 \times (2^2-1)$；

$28 = 4 \times 7 = 2^2 \times (2^3-1)$；

$496 = 16 \times 31 = 2^4 \times (2^5-1)$；

$8\,128 = 64 \times 127 = 2^6 \times (2^7-1)$。

“怎么样？你看出其中的规律了吗？它们的两个因数中第一个数都是2的次方，第二个数都是第一个数的2倍再减去1，而且第二个数是质数。”

“这中间是不是漏掉了两个啊？”妞妞问。

“是的，质数的增加是跳跃式的，中间跳过了2的3次方和2的5次方，也就是8×15 和32×63，是因为15 和63 都不是质数，不符合第二个数是质数这个要求。”

爸爸一边说，一边接着在纸上写：“我们可以将这个规律归纳成下面这个定理：

若2^n-1是一个质数，则$2^{n-1} \times (2^n-1)$就是一个完美数。注意很多时候2^n-1不是一个质数哦。”

“是啊，像15和63就不是质数。”

爸爸点头，接着往下写证明。

假设$p=2^n-1$为质数，要证明$2^{n-1}p$是完美数。

$2^{n-1}p$的真因数有哪些呢？

先看2^{n-1}，这个数的因数就是简单的1，2，4，8，…，2^{n-1}，其总和是$2^n-1=p$。

因为p是质数，所以$2^{n-1}p$包括因数p的真因数（不包括$2^{n-1}p$本身）有p，$2p$，2^2p，2^3p，2^4p，…，$2^{n-2}p$，

所以这些因数之和就是$(1+2+4+8+\cdots+2^{n-2})p=(2^{n-1}-1)p$。

因此，真因数的总和是$p+(2^{n-1}-1)p=2^{n-1}p$，

所有因数之和等于本身，$2^{n-1}p$是完美数。证明完毕。

妞妞看完这个证明，觉得明白了："完美数有无限个吗？"

"我猜测是无限个，因为没有什么理由可以说大数字就不能是完美数，不过我没有办法证明这个猜测。你还记得我给你讲过的梅森数吗？如果2^n-1是一个质数，这样的质数就称为梅森数，我们目前找到的最大的质数是$2^{82\,589\,933}-1$，这样我们也可以构造出目前已知的最大完美数$2^{82\,589\,932}(2^{82\,589\,933}-1)$。"妞妞听完直吐舌头："这个数字实在太大了吧！"

"是啊！比8 128大的下一个完美数是33 550 336。它们增长速度很快，非常稀少，而且从没有发现奇数完美数。法国数学家笛卡儿说过：'能找出的完美数是不会多的，好比人类一样，要找一个完美人亦非易事。'不过由于自然数无穷，我还是相信完美数会是无穷的。"

"我怎么觉得不会有无穷多个完美数呢？要不然怎么找不出来更多的呢？"妞妞的立场显然和爸爸不一样。

"我也只是相信，因为事实常常和我们的感觉不一样，尤其是在无穷的世界里面，我并不能证明这一点。"爸爸不希望孩子的思想受到约束，或许某一天会有人来证明呢！

"还有一类要求简单一些但是更好玩的数，它们是一对数。彼此的因数之和等于对方，我们称之为亲和数，又称友爱数、相亲数、友好数。最小的一对是220和284。毕达哥拉斯曾说：'朋友是你灵魂的影子，要像

220与284一样亲密。’”

爸爸在纸上写下两个算式。

220 = 1 + 2 +4 +71 +142；

284 = 1 + 2 + 4 + 5 + 10 + 11 +20 +22 +44 +55 +110。

“你能找出另外的亲和数吗？”

9. 尺规作图的三大难题

——古老的智慧你却不懂

古希腊人认为人活在世界上最高的人生目标是追求知识、追求理性。人生苦短，但知识永存。古希腊众多的伟大学者在人类文明史上独具风采，留下许多璀璨思想，至今还在影响世界。

他们认为万物皆数，这句话理解为对数字的痴迷不太准确。数学中几何又是核心，一方面几何与世界的联系比数字更加具象，另一方面几何的逻辑推理让古希腊人如醉如痴。公元前300年左右，古希腊数学家欧几里得创作的《几何原本》是一部划时代的数学著作，其建立的公理体系，至今还是现代数学大厦的基础。研究数学让古希腊人发现宇宙运转背后的规律，完美的抽象推理可以获得摆脱直觉的众多美妙结论，让他们更加相信宇宙是理性精密的系统。

古希腊人认为直线和圆是最基本的图形，而直尺和圆规是最完美的工具，其他更复杂精巧的工具会让人们脱离纯粹的思想境界，与他们崇尚的纯粹理性背道而驰。

在讲述三大难题之前，我们首先需要介绍尺规作图的相关定义。欧几里得在他的《几何原本》中，提出几何作图的规定：在作图时只能用直尺和圆规，直尺没有刻度，只能用来“过两点作直线或延长线段”，圆规只能作圆或画弧，而且任何作图题中只能有限次地使用直尺和圆规。利用直尺和圆规可以作三种基本图形：画线、作圆、求交点。这一规定从现代数学的观点来看并没有太多的道理，不过作为对人类思维的训练和考验来说，还是有其特殊意义的（图1）。

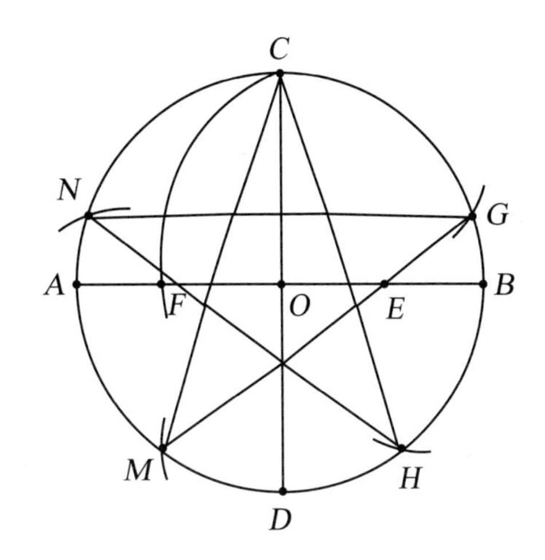

图1　用直尺和圆规画图

它是从现实中具体的“直尺和圆规画图可能性”问题抽象出来的数学问题，将现实中的直尺和圆规抽象为数学上的设定，研究能不能在若干个具体限制之下，在有限的步骤内作出给定的图形、结构或解决其他类型的几何问题。

在尺规作图中，直尺和圆规的严格定义是：

直尺：一侧为无穷长的直线，没有刻度，也无法标识刻度的工具。只可以让笔描下这个直线的全部或部分。

圆规：由两端点构成的工具。可以在保持两个端点之间的距离不变的情况下，将两个端点同时移动，或者固定其中一个端点，让另一个端点移动，作出圆弧或圆。两个端点之间的距离只能取已经作出的两点之间的距离，或者任意一个未知的距离。

定义了直尺和圆规后，所有的作图步骤都可以归化为五种基本的步骤，又称为作图公法。

（1）已知两个点，作一条直线；

（2）已知圆心和半径，作一个圆；

（3）已知两直线相交，确定其交点；

（4）已知直线和一圆相交，确定其交点；

（5）已知两圆相交，确定其交点。

尺规作图研究的就是能否通过以上五个步骤的有限次重复，达到给定的作图目标。尺规作图问题常见的形式是："给定某条件，能否用尺规作图作出某对象？"比如，"给定一个圆，能否用尺规作图作出这个圆的圆心？"，等等。

我们可以先做一道小题目来热热身。作已知线段的垂直平分线、作已知角的角平分线、过一点作已知直线的垂线、已知三边作三角形，这都太简单了。我们的题目是：给定一个正方形，用尺规作图作出一个正方形使得面积为原正方形面积的2倍。

这个思路也很简单。如果正方形的边长是1，那么其对角线长度即$\sqrt{2}$。以正方形的对角线作边长的正方形，其面积即为原正方形面积的2倍。

下面看看我们如何画出来（图2）。

先给定正方形$ABCD$。

（1）连接AC；

（2）分别以点A和点C为圆心，以AC为半径作圆；

（3）延长AD交圆C于点F，延长CD交圆A于点E，连接EF；

（4）连接AE，FC，则四边形$AEFC$的面积为原正方形面积的2倍。

现在我们可以来了解一下古希腊人付出巨大的热情和资源希望解决的三大难题。

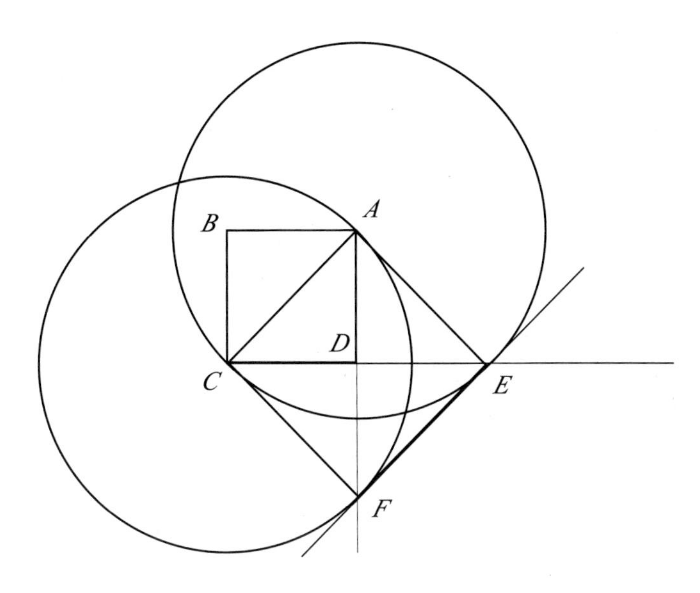

图2　新正方形面积是原正方形面积的2倍

三等分任意角问题：只用直尺和圆规，三等分任意角。

化圆为方问题：只用直尺和圆规，作一正方形，使其面积等于一已知圆的面积。

立方倍积问题：只用直尺和圆规，作一立方体，使其体积是已知立方体体积的2倍。

三道题目看上去很简单，是吧？上过初中，学过平面几何就能完全理解，但是解决起来确实难上加难。因为现代数学已经证明它们都是无解的，也就是不可能用无标度直尺和圆规完成的任务。

我们一个一个来说。先说三等分任意角。

关于这个问题的起源，有一个真实的小故事。

公元前305年，托勒密一世（图3）定都地中海边的亚历山大城。他是

图3　托勒密一世头像

古埃及托勒密王朝创建者，原本是马其顿帝国亚历山大大帝麾下的一位将军。亚历山大大帝病逝以后，托勒密在巴比伦分封协议中成为古埃及总督，随着马其顿帝国的分崩离析，他很快在古埃及建立了自己的王国。之后这位雄才大略的国王通过多次成功的战争，极大地扩大了帝国的版图，牢牢稳固了自己的统治。

凭借优越的地理环境，他积极发展海上贸易和手工艺，以雄厚的财力奖励学术。托勒密一世深深懂得发展科技文化的重要意义，他以重礼厚聘当时世界各地的著名学者到亚历山大城，使许多古希腊数学家都来到了这个城市。他建造了规模宏大的“艺神之宫”，作为学术研究和教学中心；他又建造了著名的亚历山大图书馆，命人大规模抄录并收藏各类书籍，藏书70多万卷。要知道当时的书籍需要在羊皮上手工书写，所以稀少而且昂贵。你还记得测量地球大小的图书馆馆长的故事吗？对的，就是这个伟大的图书馆馆长。

在亚历山大城郊有一座圆形城堡，里面住着一位大公主。大公主的居室正好建立在圆心处，这是当时常见的建筑设计。城堡南北围墙各开了一个门。圆形城堡中间有一条河，流过大公主的卧室。河上建了一座桥，桥的位置和南北门的位置恰好在一条直线上，而且从北门到大公主的卧室，和从北门到桥两段路是一样长的。

过了几年，大公主的妹妹长大成人，国王也要为她修建一座独立的城堡。小公主提出她的城堡要修得像姐姐的一样，有河、有桥、有南北门。国王当然满口答应，新的城堡很快就动工了。只是这个城堡的总体规划做得不是太好，当把南门建立好之后，无法简单地确定桥和北门的位置。问题来了：怎样才能使得将要建造的北门到卧室的距离和到桥的距离一样呢？

为了把事情描述清楚，我画了一个示意图如图4所示。点A是北门，点B是南门，点D是桥，点O是大公主的卧室。OK是河水流过大公主卧室的示意方向。

参看图5，为小公主建造的城堡建完了圆形的围墙基础、卧室O、河流OK和南门B，怎么准确地确定北门的位置，使得北门到桥的距离和到卧室的距离一样呢？图5中的OK只代表河流的流向。夹角β 的含义和图4一样。

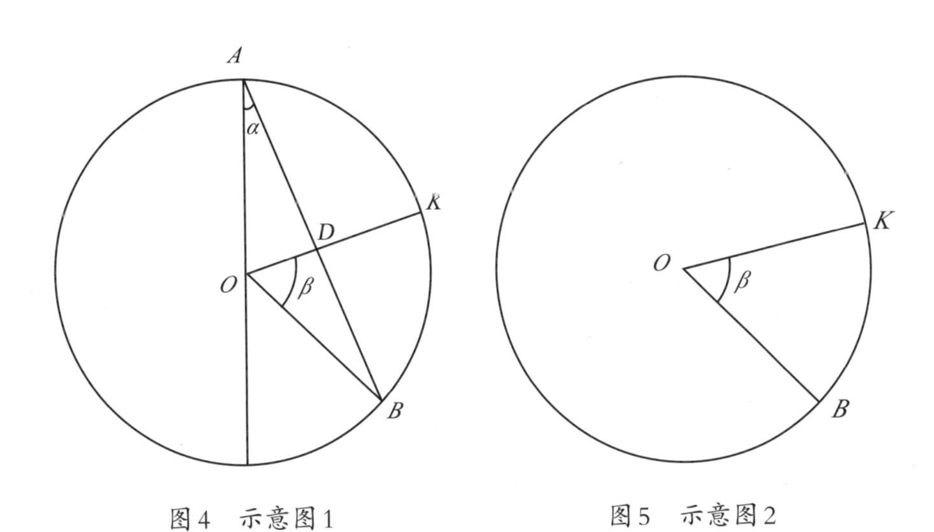

图4　示意图1　　　图5　示意图2

工匠们的几何知识也非常丰富。他们在仔细研究了大公主的城堡结构图之后，觉得问题可以简化为如何把角β的三分之一求出来，即可准确定位北门。这又是为什么呢？我在这里解释一下。

现在请看大公主城堡的图4！

$\angle OAB=\angle OBA=\alpha$，　　等腰三角形

$\angle AOK=\angle ADO=\alpha+\beta$。　　等腰三角形、三角形外角定理

在$\triangle AOB$中有

$\alpha+\alpha+\beta+\alpha+\beta=180°$，　　三角形内角和为180°

$\alpha=60°-\frac{2}{3}\beta$。

图6　阿基米德半身像

所以工匠们认为只要能把角β三等分，计算出α，从点B朝北画直线作夹角α，就可以很容易找到北门的位置，同时也就确定了桥的位置。他们不知道怎样将角β三等分，于是去请教阿基米德（图6）。

阿基米德看了看他们的问题，给出了如下的解答①：

如图7所示，他在直尺上作了个标记K，使得标记和尺头之间的距离KA刚好

① 编辑注：阿基米德的解答只是为了解决β的三等分角。图7中的字母、辅助线与前文图4、图5的内容并不完全对应，特此说明。

等于圆的半径r。

接着阿基米德让标记K在圆上滑动，使尺头A落在PO的延长线上，并且让直尺刚好通过角β的终边与圆O的交点B，这样直尺和延长线的夹角$\angle BAP$就是$\angle BOP$的三等分角。

这个证明应该非常简单（图7）。

因为$AK= OK=OB= r$，

所以$\angle BKO =2\alpha= \angle ABO$，　　等腰三角形两底角相等

所以$\beta= \angle BAO+ \angle ABO = 3\alpha$。　　三角形外角等于两内角之和

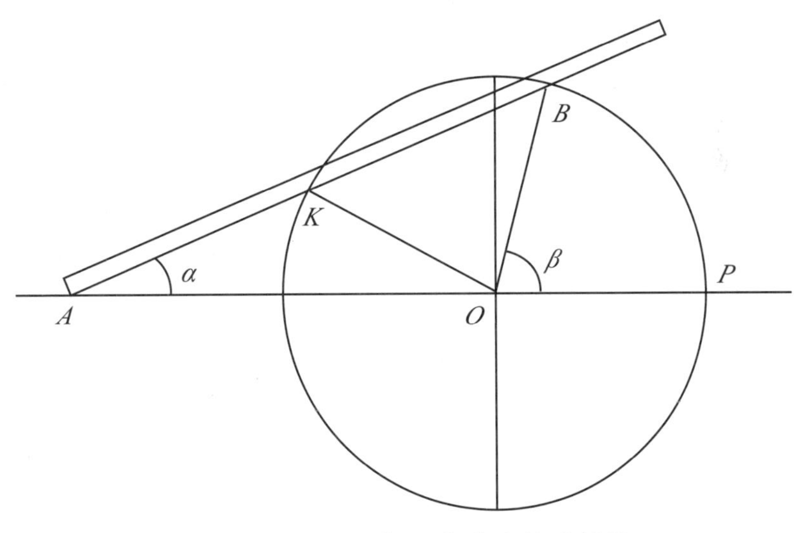

图7　阿基米德的解答

工匠们都被阿基米德的智慧折服，但阿基米德却说："这个确定北门位置的方法固然可行，但只是权宜之计，因为它是有问题的。"有什么问题呢？就是阿基米德在直尺上作标记的做法，违反了尺规作图的原则。如

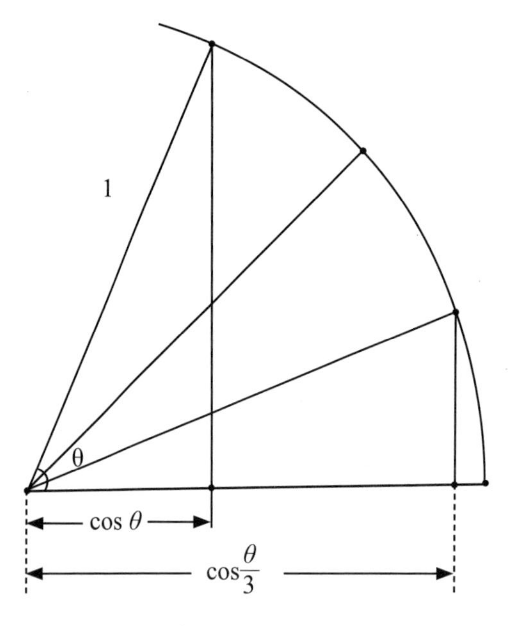

图8　单位圆里的三等分角

果真的只用尺规作图，能否作出三等分角呢？

答案是：根本就不可能。

因为尺规作图所能够作出的线段长度只能够为“二次不尽根的解”，而三等分角问题涉及非二次不尽根的解，这是尺规作图所不能够达到的。

有点不知所云了，别急，让我们来细细讲讲。

如图8所示，三等分任意角，本质上相当于已知$\cos\theta$，求作$\cos\frac{\theta}{3}$。这个好理解，实际上三角函数里面的正弦、余弦就是单位圆内的角所对应的弦线段，正切、余切就是单位圆内的角所对应的切线段，不懂的可以自己画一画就理解了。咱们这几个数学词汇的中文翻译其实有非常深厚的古文背景。

要证明三等分任意角不可能，只需证明有一个角（如60°角）不能三等分就够了。是的，数学就是这样，一个角都不能做到，你就不好意思说任意角了吧？

下面我们证明60°角不能三等分。三倍余弦公式比较少见。不知道没关系，有时间私下慢慢证明一下就好，没时间就记住当作定理来用也不错。

由$\cos\theta=4\cos^3\frac{\theta}{3}-3\cos\frac{\theta}{3}$，当$\theta=60^\circ$时，令$x=\cos\frac{\theta}{3}$，可得

$8x^3-6x-1=0$。

这个方程没有二次不尽根的解，因此三等分任意角是不可能的。有人肯定糊涂了，什么叫二次不尽根啊？为什么不是二次不尽根就画不出来啊？

别着急，咱们一点一点来解说。我们用尺规作图可以作出垂线，可以画出等腰直角三角形。有些无理数也是可以用初等几何的方法画出来的。看图9，你知道理论上我们可以画出任何整数的平方根，只要我们以底边为1 个单位作直角三角形，斜边长就会是连续整数单位的平方根。注意，我们这里说的1不是厘米，也不是米，而是一个单位。这个单位线段你愿意让它多长就多长，用尺规作图是可以画出这个线段的。

作任一长度a的平方根也不难，图10中BD的长即为a的平方根。不懂的可以自己证明一下，肯定是不会错的。

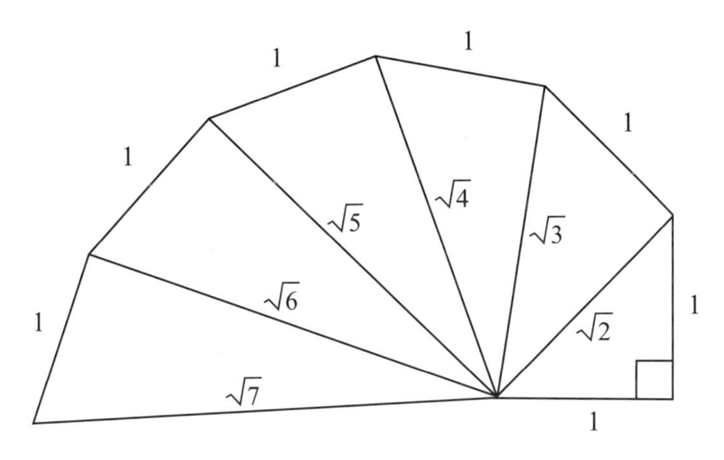

图9　自然数的平方根可以用尺规作图画出

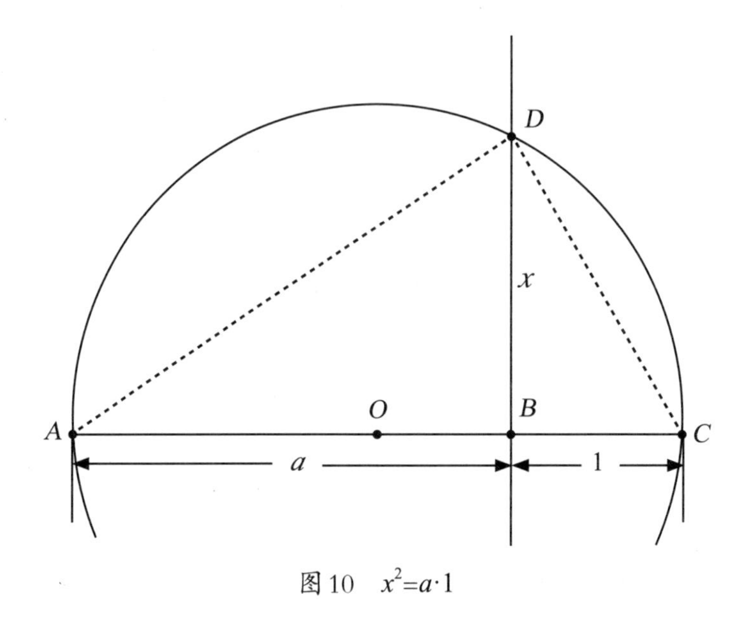

图10　$x^2=a\cdot 1$

但是，是不是所有的无理数都能画出来呢？不是，只有部分可以。我们来分析一下哪些是可以的。

特殊地，我们可以作出$\sqrt{2}$，从$\sqrt{2}$出发，通过“有理”作图，可以作出所有形如

$$a+b\sqrt{2} \tag{*}$$

的数，这里a，b都是有理数。同样地，我们可以作出所有形如

$$\frac{a+b\sqrt{2}}{c+d\sqrt{2}} \text{ 或 } (a+b\sqrt{2})(c+d\sqrt{2})$$

的数，这里a, b, c, d都是有理数。不难得出，它们都可以写成形如式（*）的形式。这说明形如式（*）的数形成了一个数域，我们把它记为Q_1，并称为有理数域Q的扩张。Q_1中的数都可以用尺规作图作出来。

现在我们继续扩充可作数的范围。在Q_1中取一个数，如取$k=1+\sqrt{2}$，求它的平方根而得到可作图数

$$\sqrt{k}=\sqrt{1+\sqrt{2}}。$$

由它可以得到所有形如

$$p+q\sqrt{k}$$

的数形成的一个域，称之为Q_1的扩张，记为Q_2。p，q可以是Q_1中的任意数。

从Q_2出发，我们还可以进一步扩充作图的范围。这种方法可以一直继续下去。用这种方法得到的数都可以用尺规作图作出来。我们把这样的数称为二次不尽根。我们可以证明以下两个方程没有二次不尽根的解。

$$x^3-2=0，8x^3-6x-1=0。$$

一般地，我们可以得出：

（1）如果开始给定一些量，那么从这些量出发，只用直尺经有理运算（加、减、乘、除）可生成域F的所有量，但不能超出域F。

（2）用圆规能把可作图的量扩充到F的扩域F_1上。构造扩域的过程可不断进行，而得出扩域F_2，F_3，…，F_n。

（3）可作图的量是而且仅仅是这一系列扩域中的数。

（4）可作图的数都是代数数（某一个整系数多项式方程的根）。

特别地，如果F是有理数域，那么用尺规作图能作出且只能作出二次不尽根。

二次不尽根的定义是什么呢？中学数学教科书里有定义。如果方程

里a，b，c都是有理数，$b^2-4ac>0$，并且b^2-4ac不是一个完全平方数，那么两个根都是无理数，这样的根通常称为二次不尽根。它的一般形式为$a+\sqrt{b}$，a，b为有理数，$\sqrt{b}$为无理数。二次方程的二次不尽根是成对出现的。更高次整系数多项式方程如果出现二次不尽根，也会成对出现。这是可以证明的，方法当然有点儿超范围，但大学学完抽象代数就可以了。

这里面还出现了一个新概念——代数数。所谓代数数是指整系数多项式方程的根。说是有理数系数多项式方程的根也没错，因为有理数都有分数表现形式，麻烦一点通分所有系数的分母，就可以得到整数系数了。所以这两种说法都没毛病，意思是一样的。古希腊人之所以把它们称为有理数，是因为这些数字很讲道理。开玩笑了！是因为这些数字可以写成比例，也就是分数形式！

和代数数相对应的是超越数。注意代数数可以是无理数！超越数肯定是无理数了，它的定义是指不是代数数的数？对，就是这样定义的，除了代数数的实数就是超越数。超越数是不能作为有理系数多项式方程的根的数，即不是代数数的数。因为数学家欧拉说过："它们超越代数方法所及的范围之外。"不把它命名为超越数，难道还有什么更好的名字吗？

法国数学家刘维尔在1844年构造出了一个奇怪的数：

$\xi=0.110\ 001\ 000\ 000\ 000\ 000\ 000\ 001\ 000\cdots$

严格定义是这样的：

$$\xi=\sum_{n=1}^{-\infty}10^{-n!}=\frac{1}{10}+\frac{1}{10^2}+\frac{1}{10^6}+\frac{1}{10^{24}}+\cdots$$

刘维尔证明ξ不可能满足任何整系数多项式方程，这个证明并不是太长，不过需要学完大学数学分析才好懂，我这里就不啰唆了。

由此刘维尔构造出了世界上第一个超越数。后来人们为了纪念他，把这个古怪的数称为刘维尔数。

超越数有无穷多，但是我们常见到的不超过20个。我能说出来的超越数有：π、e、欧拉常数、卡塔兰常数、刘维尔数、蔡廷常数、钱珀瑙恩数、zeta 函数特殊值、ln 2、希尔伯特数、e^{π}、π^{e}、莫尔斯·修数、i^{i}、费根鲍姆数等。

这里讲一个关于超越数的愚人节故事。《科学美国人》杂志有一年的愚人节专刊曾有一段匪夷所思的文字：众所周知，e，π，$\sqrt{163}$都是无理数，而且前两者还是超越数，然而$N=e^{\pi\sqrt{163}}$=262 537 412 640 768 744是一个整数。考虑$e^{i\pi}=-1$，这说明超越数和无理数在经过一系列的基本运算之后，可以得到有理数，甚至整数。

如果这是对的，那么人类对于超越数甚至是对于数域的理论都需要重新调整。有人用计算机计算的结果也令人十分惊讶，似乎这个结论是对的。

取20位数计算结果是：262 537 412 640 768 743.99。

取25位数计算结果是：262 537 412 640 768 743.999 999 9。

一直到取33位数计算结果时，才算是抓住了狐狸尾巴，这次计算结果是：262 537 412 640 768 743.999 999 999 999 250。

后来数学家还证明$N=e^{\pi\sqrt{163}}$是一个超越数。玩笑就是玩笑，只要数学家喜欢就好。

讲了这么多，如果还是没有完全搞懂，也没关系。我们只需记住，尺规作图只能作出平方根数，不可能画出来很多数量相关的长度，如π，e，

3的立方根等。能画出来的数量形成了一个封闭的集合——二次不尽根，此集合之外的量用尺规作图是永远作不出来的。

用尺规作图可以作出许多美妙的图形（图11、图12），如平分角、六分圆、正17边形等，还是非常有趣、很有挑战性的。假如我们抛开了尺规作图的某些原则，比如直尺可以有刻度，可能会更有趣，因为很多问题就变得如同刀切豆腐，迎刃而解了。我们借鉴阿基米德的方法，以三等分角为例子。

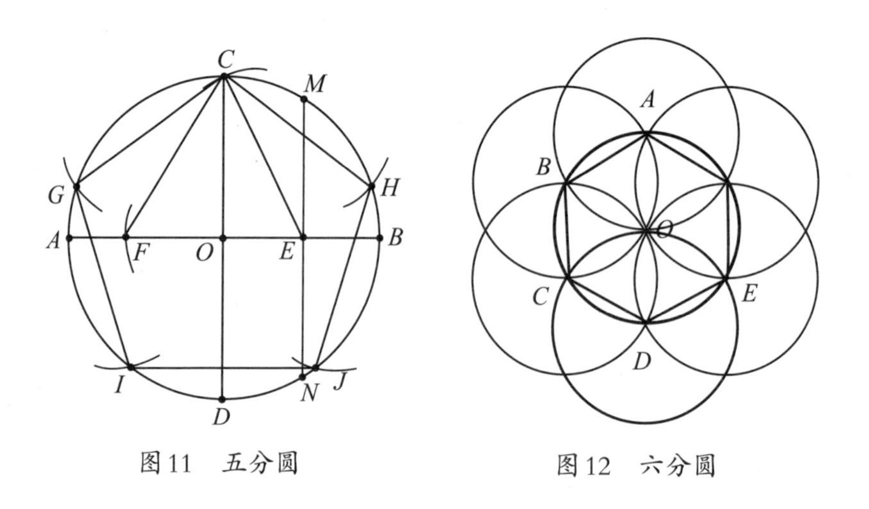

图11　五分圆　　　图12　六分圆

如图13所示，设$OA=a$，过点A作角$\angle AOB$一边的垂线AB。

过点A作OB的平行线。考虑过点O的一条直线，

它交AB于点C，交平行线于点D，并使$CD=2a$。

这时$\angle COB=\frac{1}{3}\angle AOB$。

设G是CD的中心，并作$GE\perp AD$，从而直线GE与AB平行。

由$CG = GD = a$，

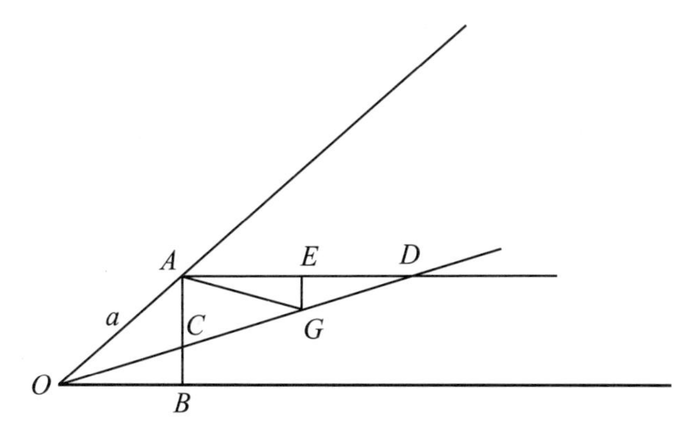

图13　三等分角

$AE=ED$，

可知$\triangle AGE \cong \triangle DGE$，

从而$\angle GDA=\angle GAD$，$AG=GD=a$。

又$\angle GDA$与$\angle COB$是内错角，

所以$\angle GDA=\angle COB$。

注意到，$\triangle AOG$是等腰三角形，

于是，$\angle AOG=\angle AGO=\angle GDA+\angle GAD=2\angle COB$。

这就是说，OD三等分了$\angle AOB$。

这种做法的关键一步是，使$CD=2OA$。这只能使用有刻度的直尺才能实现，显然违反了尺规作图的原则。圆规可以画出同样长的两条线段，但不能找到OD，使得$CD=2OA$。

好了，我们再来说第二个难题，化圆为方。这个问题的提出，跟古希腊哲学家阿那克萨哥拉（图14）的一段故事有关。

图14　阿那克萨哥拉头像

阿那克萨哥拉公元前460年左右来到雅典，并在雅典居住了约30年，直到被驱逐出雅典。他是一个典型的古希腊理性主义者，坚信其他天体和地球的性质大体上是一样的，否认天体是神的化身，主张人的“精神”是生命世界的变化及动力的来源。他很仔细地观测过天象之后认为太阳是一块烧得又红又热的石头，而且个头比古希腊大不了多少，更不是什么阿波罗神。他还坚信地球是一个圆柱，月亮上面也有山和居民，陨石是从太阳掉下来的石头，雷是由云彩的撞击而产生的，闪电是云与云之间摩擦的结果等。他还是第一个提出月光是日光的反射的人，也是第一个用月影盖着地球和地影盖着月亮来解释日食和月食的人。

阿那克萨哥拉因为宣扬太阳是一个“大火球”，而受到不敬控告，被关入监狱。你可千万别认为古希腊城邦制度的法庭属于全体公民就很仁慈。哲学家苏格拉底就因宣传不合时宜的思想，在公元前399年被判处了死刑。

在法庭上，阿那克萨哥拉申诉道：“哪有什么太阳神阿波罗啊！那个光耀夺目的大球，只不过是一块火热的石头，大概有伯罗奔尼撒半岛那么大；再说，那个夜晚发出清光、晶莹透亮像一面大镜子的月亮，本身并不发光，全是靠了太阳的照射，它才有了光亮。”结果他被法庭判处死刑。

等待执行死刑的日子大概是很不好过的，夜晚阿那克萨哥拉睡不着，对着正方形铁窗和圆月亮长时间凝视。牢房不大，他还不断踱步，变化观察位置，一会儿看见圆月亮比正方形铁窗大，一会儿看见正方形铁窗比圆月亮大。最后他心里说："好了，就算两个图形面积一样大好了。"

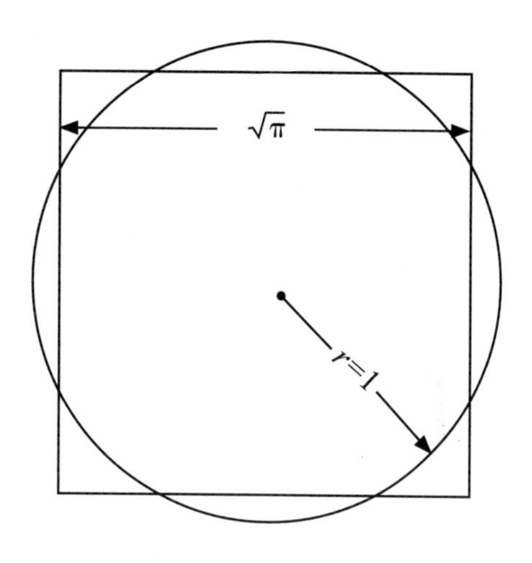

图15　化圆为方

无聊之时，阿那克萨哥拉就把"求作一个正方形，使它的面积等于已知圆的面积"作为一个尺规作图问题来研究（图15）。为什么是尺规作图呢？因为他找不到任何别的东西，除了用一根绳子画圆，几根破木棍作直尺，当然这些木棍上不可能有刻度。好在监狱的地面、墙壁让他画几条直线，作几个圆弧不会有什么麻烦。起初他认为这个问题很容易解决，谁料想他把所有的时间都用上还是一无所获。有难题可思考，他在监狱的时间也就没有那么难熬了。

后来经过有影响的朋友多方营救，阿那克萨哥拉被免除死刑，但由于他那些违反传统和大众信仰的观点，法庭改以"不敬神灵"的罪名将他驱逐出雅典。他把自己在监狱中思考的几何问题公布出来求解，引起了许多数学家的兴趣，可是一个也没有成功。化圆为方，作为人类历史上第一个尺规作图的难题就这样横空出世了！

希波克拉底（约前460—前377）是古希腊医师，西方医学奠基人，被称为"医学之父"（图16）。今天的西方医生在获得行医执照的时候还要诵念《希波克拉底誓言》。有趣的是这位伟大的医生也是一个数学爱好

图16　希波克拉底头像

者，他证明了新月形面积等于三角形面积，给化圆为方这道难题注入了一剂强心针。

如图17所示，有初等几何知识就可以很容易证明阴影部分两新月形的面积之和等于三角形ABC的面积。

我们简单地证明一下。

BC是大圆的直径，点A是圆上一点。以两条直角边为直径分别作两个圆。

由勾股定理知

$AB^2+AC^2=BC^2$。

两个小圆的面积之和等于大圆的面积。

考查三个圆的上半部分，两个小圆的上半部分面积之和等于大圆的上半部分面积。

除掉公共部分，就可以得出阴影部分两个新月形的面积之和等于三角形的面积了。

这个证明简单又奇妙，使

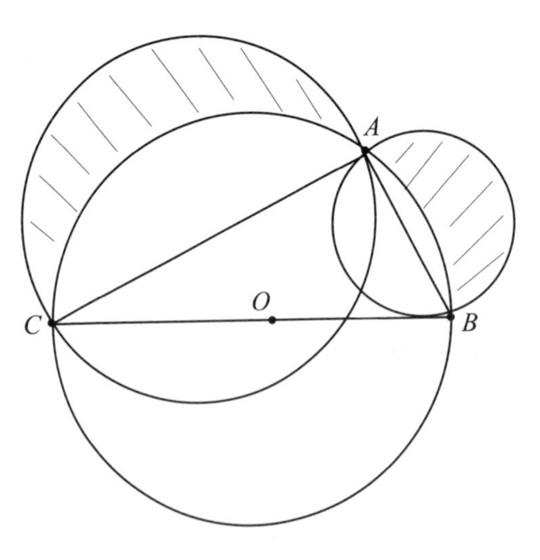

图17　阴影部分两个新月形的面积之和等于三角形的面积

得长时间找不出方法的人们又充满希望前行，似乎圆和方之间有桥梁可以通达。近千年过去了，这个问题依旧没有答案。直到一位天才的出现才让人们看到一点点希望的微光。这位天才就是达·芬奇（图18）。他给出了一个令人鼓舞的解决方法。

图18　达·芬奇头像

达·芬奇给出的解法是这样的：

用一个以已知圆为底，高度为已知圆的半径的一半的圆柱，在平面上滚动一周，覆盖所得出来的矩形的面积为$S=2\pi r\cdot\frac{1}{2}r=\pi r^2$，然后将这个矩形化为等面积的正方形即可，如图19所示。

不过很显然，虽然这个方法很巧妙，但违反了问题原本的要求。这不是用直尺和圆规来作图，而是用木匠的工具来作一个圆柱，再加上某些行

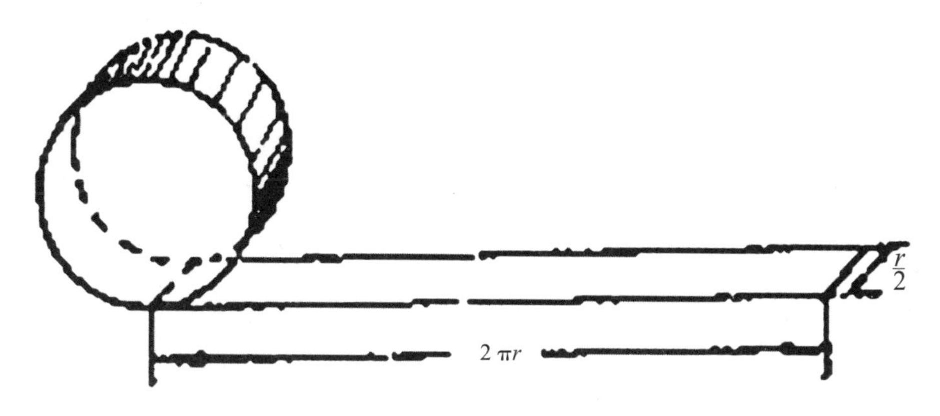

图19　达·芬奇的解法

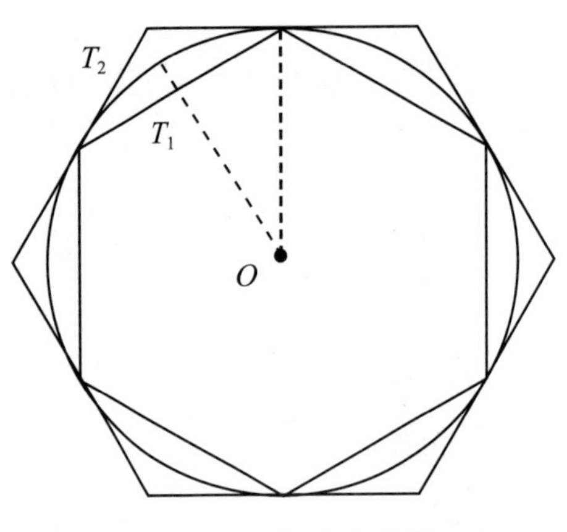

图20　两边夹逼法计算 π

为艺术罢了。

数学家还试图使用正多边形逼近圆的方法来完成这个不可能的任务（图20）。他们完善了两边夹逼的方法，也就是圆外接正多边形和内接正多边形不断增加边数，使其与圆的差距越来越小。如果两个正多边形之间有数条内外交叉穿过圆弧的边，使得新形成的多边形面积刚好等于圆的面积，那么化圆为方的问题似乎就得到解决了。实际上这个思想和近似计算 π 值的思想是一致的，不过 π 值精确计算虽然很有效，但作图结果还是令人失望。

这在有限步骤的前提下当然只是一种自我安慰，不过却促进了极限思想的产生，而极限是现代微积分的开端和基础。两边夹逼思想也在现代数学里得到普遍的使用，尤其是在解决逼近和精确计算问题时。

那么，这个问题到底有没有真正的解法呢？

与前面三等分角问题一样，化圆为方问题，在尺规作图的限制下，必然是无解的。

假设已知圆为半径等于1的单位圆，它的面积为 π。设所作的正方形的边长为 x，则 $x^2=\pi$，$x=\sqrt{\pi}$。而 $\sqrt{\pi}$ 是一个超越数，所以化圆为方不可解。

到了1882年，德国数学家林德曼，才证明圆周率π是一个超越数，不是二次不尽根，不能满足任何整系数代数方程。这是继1844年刘维尔第一个超越数后被证明的第二个超越数。

图21　阿波罗半身雕像

最后我们来看立方倍积问题。

传说在公元前429年，一场不知名的瘟疫袭击了古希腊提洛岛，岛上四分之一的人都因为瘟疫而丧生。为了消除灾难，岛上的居民们推举出代表，到神庙里去询问他们的保护神阿波罗（图21）的旨意。据说阿波罗传下旨意：想要遏止瘟疫，就把神殿前的祭坛加大一倍！于是人们把祭坛的长、宽、高都加长了一倍。当新的祭坛做好之后，瘟疫不但没有得到缓解，反而愈加严重。有人质疑这样是因为又违背了神的意旨，祭坛变成了过去的八倍大，而不是阿波罗要求的两倍大。

这就是尺规作图中著名的立方倍积问题的来源。用数学语言来表达就是:“已知一立方体，求作另一方体，使它的体积等于已知立方体的两倍。”

无奈之下，岛民们只好去求助智者柏拉图（图22），就是那位写出《理想国》的伟大学者。一开始柏拉图和他的学生都认为这个问题很容易解决，因为他们已经知道如何只用尺规作图来作出一个面积为已知正方形面积2倍的正方形，也就是我们拿来热身的题目啦！

图22　柏拉图头像

但是接触问题之后他们发现，这个问题远比想象的要复杂得多，以至于最后柏拉图自己也承认无法用尺规作图来解决这个问题。

于是这个问题一直在数学界流传，直到1837年，法国数学家万芝尔成功证明：只用尺规作图，根本无法解决立方倍积问题。

万芝尔的证明过程实在是很简单：

假设已知正方体的棱长为a，所求正方体的棱长为x，由问题的要求，列式得$x^3=2a^3$，解得$x=\sqrt[3]{2a^3}$（图23）。

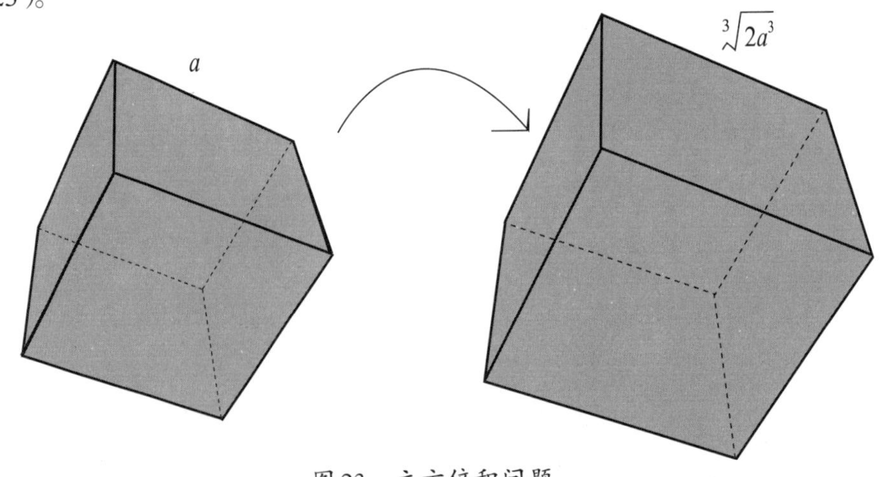

图23　立方倍积问题

尺规作图能够作出二次不尽根，所以立方倍积问题无法只用尺规作图解决。

这个证明被数学界普遍认可，可如果抛开尺规作图没有刻度这个限制，那么要解决立方倍积问题其实并不难。柏拉图当时就有这么一个很妙的思路：

立方倍积问题可以转化为另一个问题：在a与$2a$之间，插入x，y两个数，使a，x，y，$2a$成等比数列。

因为$a:x=x:y=y:2a$，

整理后可得$x^3=axy=a(2a^2)$，

即$x^3=2a^3$，符合问题的本意。

柏拉图的画图解法为：

1. 作互相垂直的线AC，BD，交点为P。

2. 在AC上取$PC=a$，在BD上取$PD=b=2a$。

3. 取二曲尺，使一曲尺通过点C，顶点在BD上；另一曲尺通过点D，顶点在AC上，且另一边与AB互相密合，如此，便分别在AC，BD上产生点A，B，则四边形$ABCD$中的PA（或PB）即为所求，如图24所示。

还有一个解法也很简单。如图25所示，作一个边长为1的等边三角形ABC，并在AB的延长线上取一点D，使得$BD=AB=1$。现在，取一把直尺，使它经过点A，与DC的延长线相交于点G，与BC的延长线相交于点H，

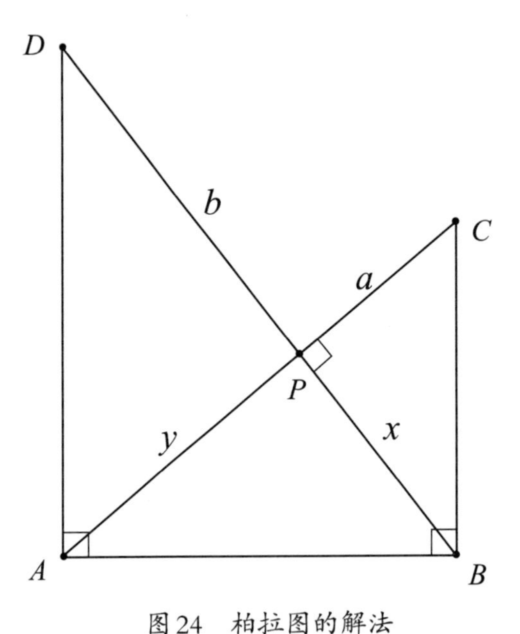

图 24　柏拉图的解法

且使 $GH=1$，则 AG 的长度就是 $\sqrt[3]{2}$。有兴趣的同学可以证明一下，不过需要用到高中的知识。

三大难题到这里就基本讲完了。

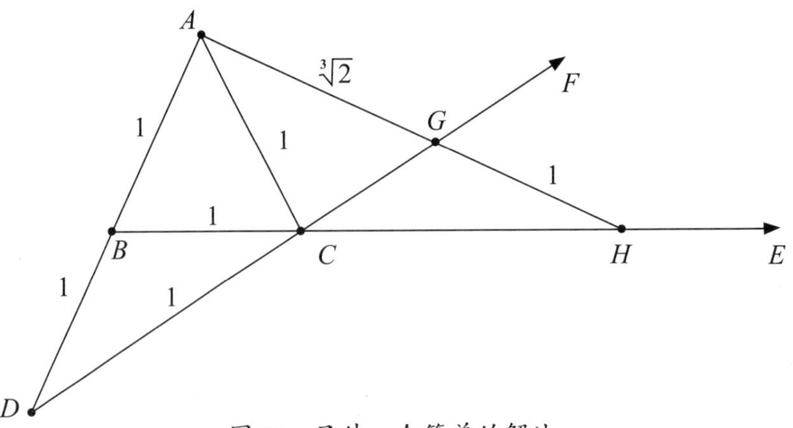

图 25　另外一个简单的解法

这是一个谁也没有预料到的结果，看上去那么简单的题目居然都不可解！更让人无法想象的是，得出这个结论的方法居然是纯粹的代数方法！几何和代数之间奇妙的关系就这样以不能预料的方式向后来的学子毫无顾忌地展示其如痴如醉的丰采。

历年来数学家们对三大难题的各种尝试，促成了许多全新数学理论和工具的发展。比如，化圆为方问题就直接导致了极限思想的产生，导致了许多二次曲线、三次曲线以及几种超越曲线的发现，促进了关于有理数域、代数数和超越数、群论等理论的发展。一个有意义的问题往往会是数学发展的原动力，对问题的不断尝试，则是数学生命力的所在。

哥德巴赫猜想是一只生金蛋的母鸡，就是这个意思。

10. 不一样的数学思维

——数学家解决问题的思维方式常常需要别出心裁走不一样的路径

数学问题需要不一样的思维方法才能解决。

比如，有一道小学的题目是这样的。有六个足球队打循环赛，第一队打了一场球，第二队打了两场球，第三队打了三场球，第四队打了四场球，第五队打了五场球。请问第六队打了几场球？

成年人往往会立即回答，第六队打了六场球，而小学生会计算一下再回答。

这个问题不是那么简单的，需要我们把没有交代的已知条件挖出来，还需要我们会使用作图工具来辅助思考。

我们用五个点代替五个足球队，有连线就说明两个队打过一场球。这个题目我们需要从第五队开始画，为什么呢？因为循环赛N个队，每一队最多可以打$N-1$场球，所以第五队打了五场球，它已经和所有的球队打过一遍了（图1）。

由于第一队打了一场球，所以第一队和第五队打的比赛在这里都表示出来了。

当我们考虑第四队的时候，目前的图上只标出它和第五队的一场比

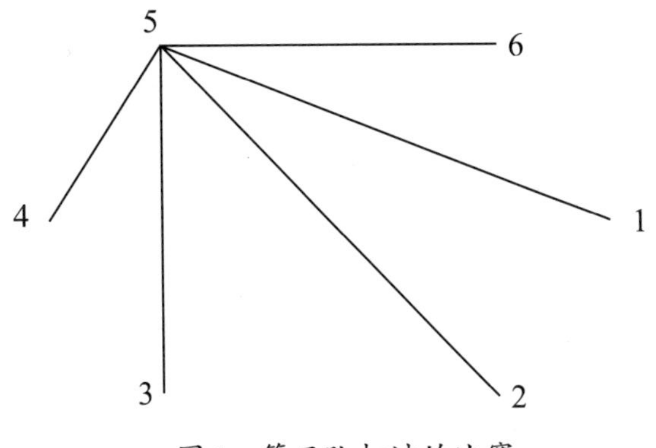

图1　第五队打过的比赛

赛，而它总共打了四场球，还有三场没有标出。而剩下的对手只能是第二、第三、第六队，所以可以推断出它的另外三场球是和第二、第三、第六队打的，把图继续画下去（图2）。

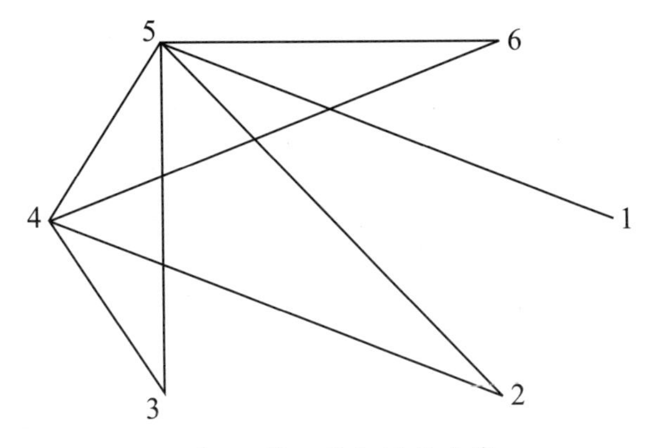

图2　第四队打过的比赛

现在看第四队和第二队，就像第五队和第一队一样，已经把自己打的比赛标示完整了。第三队总共打了三场球，还只标出了两场，可以简单地推断，它的第三场球一定是和第六队打的，并且只可能是和第六队打。

同样画出图来，就知道第六队已经打了三场球。这个时候第一队打了一场球，第二队打了两场球，第三队打了三场球，第四队打了四场球，第五队打了五场球，都已经完整在图上标示出来（图3）。

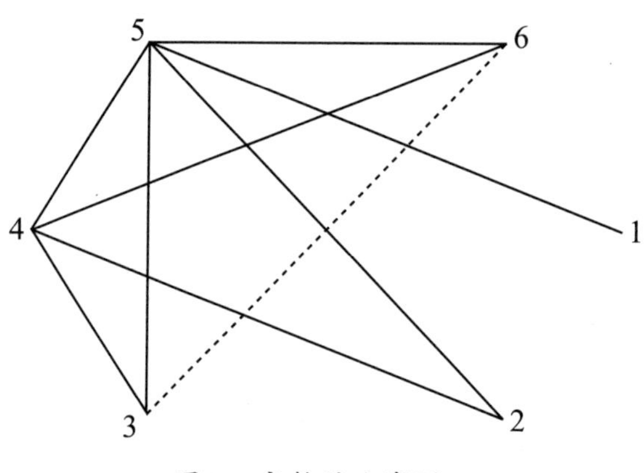

图3　完整的比赛图

看得出来，解决数学问题，我们首先必须摒弃简单推断的懒惰思想，其次是需要挖出未交代的已知条件，选用正确的工具来解决问题。

比如为什么握手奇数次的人数永远是偶数?

初听这个问题让人有点儿摸不着头脑。我们仔细想一下就明白了。握手是两个人的手相握，每发生一次握手，就会被记录两次——两个人各自被记录一次。我们假定每握手一次，就给握手的双方手上各绑上一条彩色绸带，所以所有的绸带之和肯定是一个偶数。

我们假定这群人中握手奇数次的人是奇数个，其他人都是握手偶数次的人。那么奇数个奇数相加还一定是奇数，这些人握手的总次数是奇数次。握手偶数次的人的握手次数之和肯定是偶数，偶数和奇数之和还一定是奇数，也就是一共使用了奇数条绸带，这显然不符合握手的基本要求——两个人握手。所以有奇数次握手的人数，一定是偶数。

这里使用的是反证法，直接推不出结论，但是假设如果不是这样，能反推出矛盾，也就证明了结论。从逻辑上说，从结论A推断出结论B，等价于否定结论B导致否定结论A。

如图4所示，有一个棋盘覆盖的问题也是这样的。假定把一个完整的8×8的国际象棋棋盘去掉两个角，剩下的面积能不能用31块1×2的长条完整覆盖？

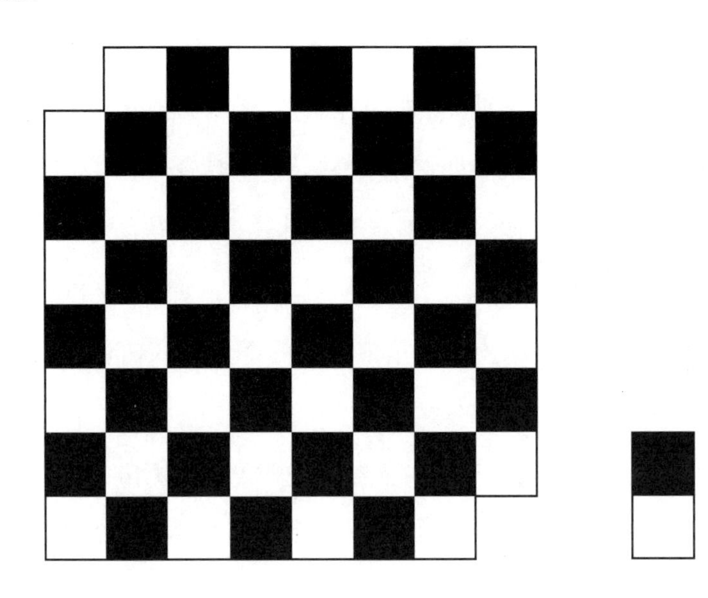

图4　去掉两个角的国际象棋棋盘

你看，8×8的棋盘面积是64，去掉两个角剩下的面积是62，和31块1×2的长条面积相等，这似乎是没有问题的。

如果你做到了用31块长条完整地覆盖住这个去掉两个角的国际象棋棋盘，那才是真正的奇迹！因为这个问题的答案是不能。

最直观的解释是这样的。8×8的棋盘的每一格都有黑或白的颜色，而

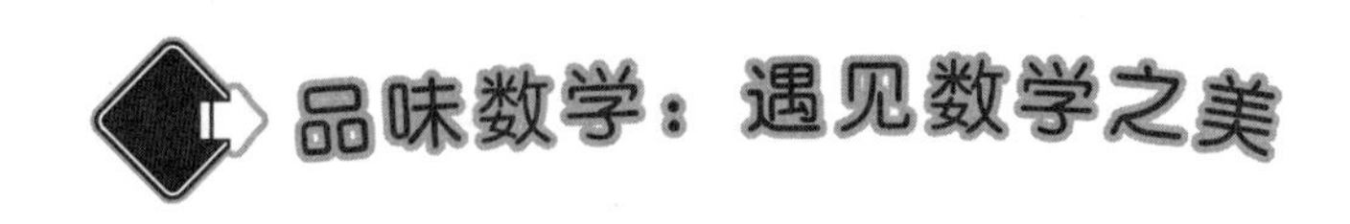

且黑白相间，分别有32个黑色格子和32个白色格子。而去掉两个角之后的棋盘剩下的是32个白色格子和30个黑色格子。

当使用一块1×2的长条来覆盖棋盘时，一定会是覆盖住一个黑色方格和一个白色方格，所以，31个1×2的长条若要能盖住棋盘，它一定是覆盖住31个黑色方格和31个白色方格！不管你如何排布，都无法覆盖32个白色格子加30个黑色格子构成的图案。妙不妙？

其实黑白格的图案是已经预先做出了一种覆盖模式，在这种模式下，从8×8的棋盘中任意挖去两个相同颜色的方格，哪怕是从中间抠掉，我们都不能用31块1×2的长条把它无重叠、无缝隙、不超出地完整覆盖住。

这个问题有几个变化形式也很有趣，别忘了我们依旧是在讨论去掉两个角的棋盘！

（1）把1到62这62个连续的正整数中的奇数填入白色方格，偶数填入黑色方格，可能吗？

答案当然是不能。因为奇数、偶数数量相等，而黑白格子数不相等。

（2）我们能不能从某个方格出发，不重复地走过62个方格？

答案当然也是不能。因为整个图案是黑白相间的，所以可以容忍的路径一定满足走过的黑格与白格的数量差是0或是1或是-1，不能更多，而本问题中黑格与白格相差2。

这里融合了几何直观和逻辑推断的方法，很神奇、很直观地解决了难题。

再比如，世界上任意六个人中，至少有三个彼此认识，或者至少有三个人不认识。这个结论看上去很奇怪，不可思议。

如果任意两个人，要么彼此认识，要么彼此不认识，这很好理解。

如果三个人，情况稍微复杂一些，可能会是三个人彼此陌生、三个人彼此相识、三个人中两个相识，一共三种情况。

如果四个人，我们列了一个表，有四种情形（表1）。

表1

彼此认识	4	3	2	0
彼此陌生	0	1	2	4

五个人和六个人的情形也可以列表如下，分别有五种情形和六种情形（表2、表3）。

表2

彼此认识	5	4	3	2	0
彼此陌生	0	1	2	3	5

表3

彼此认识	6	5	4	3	2	0
彼此陌生	0	1	2	3	4	6

从表中我们可以很清楚地看出来，六个人时，要么至少三个人不认识，或者至少三个人认识。这个结论在任何一种情形下，都是成立的。

这个问题还可以用作图的方法证明。六个定点的正六边形，每一个定点代表一个人，相互认识就画实线，不认识就画虚线。从一个定点需要画

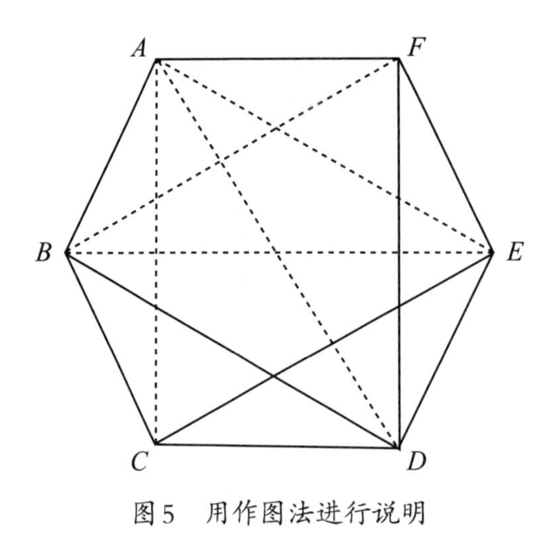

图5　用作图法进行说明

五条线段，要么是实线，要么是虚线。那么五条线中，至少有三条是一样的线。

不失一般性，如图5所示，我们假定从点A出发，向对面C，D，E三点画出的是点线段。这时，如果点D和C，E之间有一条点线段，就构成了一个点线段的三角形，这三位彼此不相识；反之，如果没有点线段，这意味着从点D到点C, E是实线段，那么点C, D, E就构成一个实线段三角形，这三位彼此认识认识。

这是英国数学家拉姆齐1926年发表的一篇论文中提出的数学模型。更一般的问题是：任意给定自然数n和k，当N足够大时，把有N个顶点的图的边，染成红色或者蓝色，无论染色方案如何，要么有n个定点，它们之间的边都是红色；要么有k个顶点，它们的边都是蓝色。满足这个条件的最小的n被称为拉姆齐数$R(n,k)$，这个定理被称为拉姆齐定理。用上面例子的关系就是：要找这样一个最小的数R，使得R个人中必定有n个人相识或k个人互不相识。

他开创了一个被称为拉姆齐理论的数学分支。这个数学分支告诉我们，没有完全无序的系统，只要系统足够大，整体上看来无序的系统，总有某些局部是有序的。

计算和证明拉姆齐数的准确值是非常有难度的，我们可以比较好地估计拉姆齐数的范围，但是很难计算其精确值。已知的拉姆齐数非常少，目前已知的最大的拉姆齐数据说是R（3,9）=36。这有点像$3\times3\times3$的魔方到底最少需要转动多少次才能恢复原状的问题一样。从1974年魔方发明以来，数学家就不断地优化证明，得到一个又一个小一些的数字，如26次、22次等，人们把这个最终的次数答案称为“上帝之手”。实际上人们没有发现任何组合需要超过20次转动恢复原状，一直猜测上帝之手是20。这个问题一直到2010年才由几位数学家共同合作完成证明，得到20这个终极答案。或许未来几年人工智能会加速拉姆齐数问题的解决。

匈牙利数学家保罗·埃尔德士曾开玩笑说：“假如有外星人在地球上降落，要求取得$R(5,5)$的值，否则便会毁灭地球。在这个情况下，我们应该集中所有计算机和数学家尝试去寻找这个数值，但是如果他们要求的是$R(6,6)$的值，我们就只好和这些外星人拼命了。”

我们最后讲一个百人囚犯问题。

在监狱中有100个囚犯，被编号为1~100。监狱长估计是一个无法无天的数学家，他决定给囚犯们一次考验数学能力的特赦机会，条件是成功通过下面的挑战。

在一个房间中放着一个有100个抽屉的橱柜，每个抽屉里面有由监狱长随机放入的与囚犯编号对应的1~100的号码牌，每个抽屉中有一个号码牌，不空、不漏、不乱（图6）。

挑战开始后，每个囚犯依次单独进入该房间，打开不超过半数的抽屉，也就是不能打开超过50个抽屉，并从中找到与自己编号对应的号码牌则为成功，囚犯出去时将该橱柜恢复原样。从第一个囚犯进入，直至最

图6　囚犯问题局部示意图

后一个犯出来期间，囚犯之间不允许有任何交流，而且任何一个囚犯挑战失败都会导致所有囚犯失败，只有全部成功才能够特赦该100名囚犯。

囚犯有一周时间准备，这个时间里囚犯们可以交流、讨论，显然囚犯们需要一个优化的策略，否则毫无成功机会。因为每个囚犯发现自己编号对应的号码牌的概率为$\frac{1}{2}$，如果每个人都独立行动，则挑战成功的概率为$(\frac{1}{2})^{100}$，这就像100个人抛硬币，要求所有人都是正面一样几乎是不可能的啊！

囚犯们用一个星期的时间完成了一个策略，最后全体成功获得赦免。他们的策略是这样的：每个囚犯进入房间后都先打开有与自己编码相对应的号码牌的抽屉。如果这个抽屉里有与他的编号对应的号码牌，他就成功了。否则，抽屉里会有另一个号码牌，然后他再打开这个号码牌所指的抽屉。如此重复直到他找到与自己编码对应的号码牌（成功）或已经打开了50个抽屉还没找到与自己编码对应的号码牌（那就全体失败了）。

第一个囚犯进入房间，他的编号是1号。他打开第一个抽屉，里面是22号牌。于是再打开22号抽屉，里面是52号牌……一直到第八个抽屉，里面刚好是1号牌，于是他成功离开，并恢复原状。他的行动可以用图7的第一个环来表示，圈内的数字指向下一个抽屉的号码。我们说这个环的长度是8。

第二个囚犯进来，打开第二个抽屉，里面是63号牌，于是他打开63号抽屉。第二个囚徒经过7个抽屉之后成功发现2号牌，成功离开，恢复

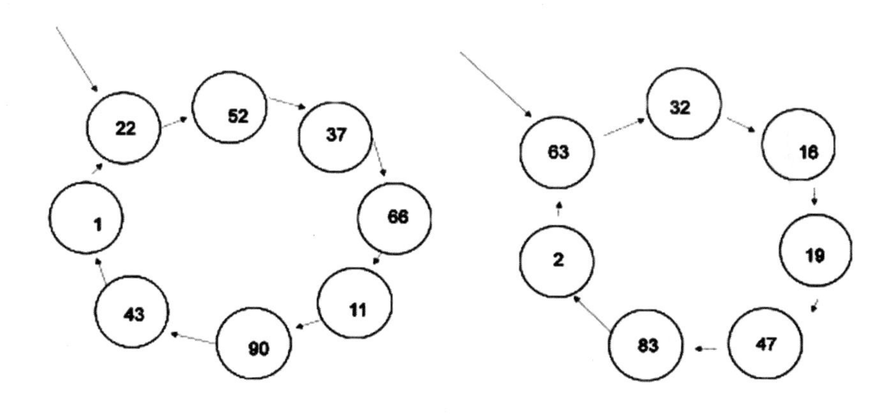

图7　囚犯问题环形示例

原状。他的行动可以用图7的第二个环来表示，我们说这个环的长度是7。

每一个囚犯都做同样的动作。我们可以很清楚地知道，此时的成功与否，取决于监狱长随机放置的号码牌，是不是构成有长于50个环节的指向链接环。

如果有一个长度为51的环，这个环上号码所对应的囚犯就非常危险

了，最坏的情形是51人都需要51步才能找到与自己编码对应的号码牌。反之，如果有一个囚犯打开50 个抽屉才发现与自己编码对应的号码牌，那么所有囚犯都会成功，想一想对不对？因为不可能有大于50的环了！

你可能会有意见，怎么就一定会构成这样完美的环呢？会不会在某一个环节构成一个带柄的环呢？这是不可能的，因为100个号码彼此不同，只能出现一次，只能构成数个完美的环。从任何一个抽屉开始，只有两种可能：一是顺着抽屉内号码牌的指向，一直找到与自己编码对应的号码牌，而且不超过50步；二是找到与自己编码对应的号码牌，超过50步。肯定可以找到与自己编码对应的号码牌！只不过步骤最少是1步，打开抽屉里面的号码牌正好对应来开抽屉囚犯的编号。最多是100步，打开所有的抽屉，最后一个里面才是与自己编码对应的号码牌。

想清楚了这一点，我们就知道，监狱长在100个抽屉里面放的100个号码牌，会构成若干个环，这些环的长度最短可能是1，最长可能是100。如果这样的环的长度超过50，只能有一个。两个超过50 的环，你都没有那么多号码来对应。这么说来，前50个囚犯如果成功，实际上后50个囚犯都不用再测试了，因为肯定会成功，对吧？

随机排布100个1到100的自然数，构成一个长度超过50的环的概率是多少呢？

最长为m的环，假定$m>50$，我们来计算一下单一值长m的环产生的概率。

首先在100个数字中有C_{100}^{m}种选法，之后有（$m-1$）！种轮换方式。剩余的数字构成（$100-m$）!种排列，每一种排列，都是一种不同的环集合。

而100个数字可以构成100！种排列方式，每一种排列都是一种不同的环集合的构成。

所以长度为m的环有C_{100}^{m}（m−1）！$\times(100-m)!=\frac{100!}{m}$种可能。

它的概率是$\frac{100!}{m\cdot 100!}=\frac{1}{m}$。

也就是说有一个长为51的环的概率是$\frac{1}{51}$，有一个长为52的环的概率是$\frac{1}{52}$……把它们加起来就是失败的概率，而去掉失败的概率，就是成功的概率。

成功的概率是$1-\left(\frac{1}{51}+\frac{1}{52}+\frac{1}{52}+\cdots+\frac{1}{100}\right)=0.311\ 8$。

很神奇的策略，当囚犯们把潜在的已知条件挖出来，并形成一个有效的策略的时候，囚犯们的成功概率从几乎为0的$\left(\frac{1}{2}\right)^{100}$增加到31.18%！天壤之别啊！

11. 自然常数 e

——一直不知道自然常数哪里自然

我们在学习对数的时候会接触一个叫自然常数e的奇怪数字。它是一个无理数，这没什么，神奇的是它被称为自然常数。反正我刚接触时根本就不知道它什么地方是自然的，这是一个似乎非常不自然的奇怪的常数。

我们今天就来说一说为什么它被称为自然常数。我们得从它被发现的过程开始讲起，故事有点儿长，不过我保证会很好玩，也很好懂。

16世纪人们对宇宙的认识有了很大的进步，伽利略是这一时期杰出的代表，因为他终结了以亚里士多德为代表的、依靠主观思考和纯推理方法得出结论的研究方法，开创了以实验事实为根据并具有严密逻辑体系的近代科学研究。他广泛使用了望远镜等科学仪器观察天空，是人类历史上第一个在科学实验的基础上融会贯通了数学、物理学和天文学三门知识，为人类对物质运动和宇宙的认识打开了大门的人。伽利略因此也被称为“近代科学之父”。伽利略说过：给我时间、空间和对数，我就可以创造宇宙！他为什么对数这么偏爱呢？

十六七世纪的数学问题来自航海和天文学研究的很多。天文观察计算和测量涉及巨大数字的繁杂计算，科学家们不堪其烦。苏格兰数学家约翰·纳皮尔在1614年左右发明了对数计算法，其核心就是可以把两个数的乘法变为加法，这样一来就大大简化了天文、航海等领域遇到的繁杂计算，而这只是需要一个对数表。查表计算某一组数的对数，完成计算之后，反向查表就可以得出原来的答案。

抽象出来的对数函数$f(x)$的定义如下。

$y=f(x)$，$x>0$，

$f(xy)=f(x)+f(y)$，$f(1)=0$。

最初人们还没有现代指数和对数的概念。纳皮尔在世的时候还没有出现以10为底的对数表。最早的对数计算是考虑双曲函数$y=\frac{1}{x}$（$x>0$）在第一象限的部分。如图1所示，设s是一个正数，把阴影部分的面积定义为函数$L(s)$，显然当$s=1$时，$L(s)=0$。如果我们定义$s<1$时，函数下部的面积为负数，这样$L(s)$就是一个对数函数，满足类似$L(6)=L(2)+L(3)$的运算，看得出来$L(s)$是一个很好的对数函数。

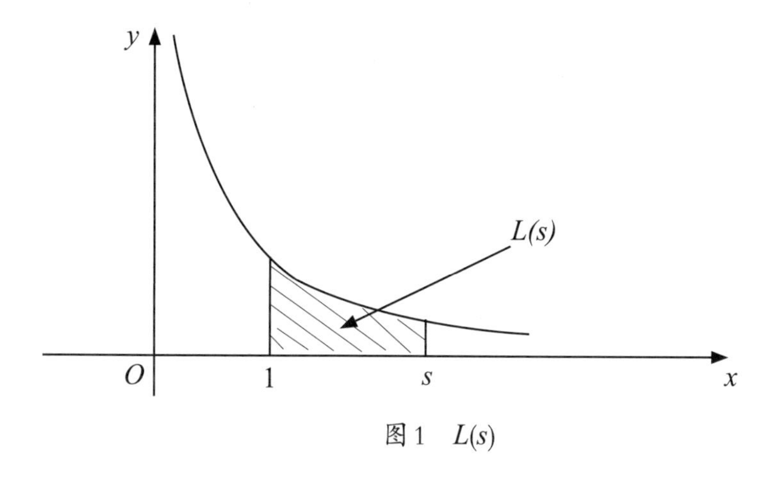

图1　$L(s)$

当时人们也不知道自然常数、自然对数。只是觉得这样的对数表可以简单快速地计算涉及大数字的繁复算式。纳皮尔在书中就把$L(s)$的对数表作为附录。

到18世纪欧拉才把对数和指数函数联系起来，将对数函数看成指数函数的反函数。实际上，自然常数首先被称为欧拉常数，因为是欧拉定义了自然对数的底e。

我们现在只能想象当时的科学家需要经过数月的观察测量和记录，然后需要进行以年为单位的计算。对数表的出现，给科学制造了一台强有力的发动机。实际上，计算方法和手段的进展，一直是科学发展重要的推动力。近代如果没有计算机极大地强化了我们的计算能力，密码技术，甚至核武器制造、飞机潜艇外形设计和火箭发射都是不可想象的事情。

有意思的是人类对外界的感知是与外界刺激的对数值成正比的，也就是说人的神经系统感觉量的增加落后于实际世界物理量的增加。物理量成几何级数增长，心理感知量成算术级数增长，这个经验公式被称为费希纳定律，其公式为$S=k\lg R$，其中S是感觉强度，R是刺激强度，k是常数，lg是以10为底的对数函数的符号。简单来说，这个定律说明了人的一切感觉，包括视觉、听觉、肤觉、味觉、嗅觉等，都遵从感觉不是与对应物理量的强度成正比的，而是与对应物理量的强度的常用对数成正比的。

这样我们就能理解很多度量不是用直接的指标来表达的，而是用经过对数函数处理加工之后的数值来表达的，因为这样更符合我们人类的感觉。比如，地震强度等级就是地震波幅的对数，地震量级是用整数和十进制小数来表示的。例如，5.3级可以被估算为中度地震，6.3级可以被定为强度地震。由于里氏震级是通过对数原理来计算的，整数增加1倍即表示所测量到的波幅扩大了10倍；作为对能量的估计，整数增加1级则表示释放出的能量比前一个相关的整数值扩大了31倍。

说到这里，我们还是没有说明自然对数自然在哪里。往下说需要一点儿微积分的知识，我们就能理解一些自然常数的自然之处，用中学生能理解的数学概念就能说清楚这件事。

什么是微分呢？函数的微分简单说就是函数的变化率函数，也叫函数的导数，就是一个函数图像中的每一个点上切线斜率构成的新函数。我们说一个例子（图2）。

物理课上有一个公式 $s(t)=\frac{1}{2}gt^2$ ，这是自由落体运动公式，是一个关于时间变量 t 的函数，g 是重力加速度。

这个 $s(t)$ 函数在每一个时间点的变化率就是在这一点的速度，$s(t)$ 的微分就是 gt。 我们写成 $s'(t)=gt$。速度也是关于时间 t 的函数，即 $v(t)=gt$。速度函数在每一个点的变化率就是重力加速度 g，我们写成 $v'(t)=g$。

距离函数的微分就是速度函数，速度函数的微分就是重力加速度。理解了这一点，我们就基本理解了微分的物理含义。至于积分，我们可以理解为函数曲线下方的面积，它是微分的逆运算。好！现在知道这些就够了。我们能够想象微分和积分在现在科学中是多么重要。

幂函数是我们最常用的函数形式。根据微分的定义，我们有幂函数的微分：

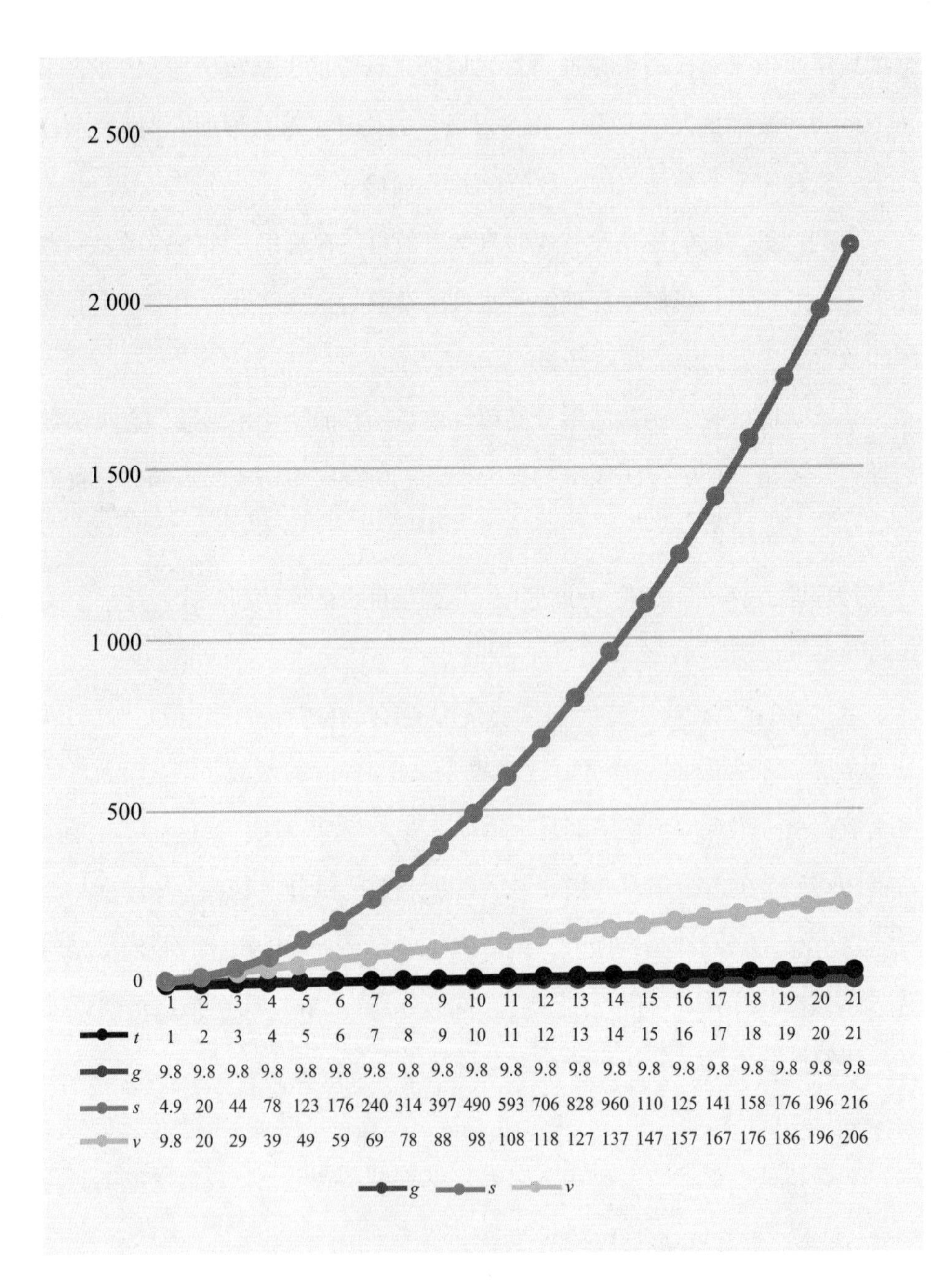

t	1	2	3	4	5	6	7	8	9	10	11	12	13	14	15	16	17	18	19	20	21
g	9.8	9.8	9.8	9.8	9.8	9.8	9.8	9.8	9.8	9.8	9.8	9.8	9.8	9.8	9.8	9.8	9.8	9.8	9.8	9.8	9.8
s	4.9	20	44	78	123	176	240	314	397	490	593	706	828	960	110	125	141	158	176	196	216
v	9.8	20	29	39	49	59	69	78	88	98	108	118	127	137	147	157	167	176	186	196	206

图2　自由落体运动

幂函数	…	x^{-3}	x^{-2}	x^{-1}	x^0	x^1	x^2	x^3	…
微　分	…	$-3x^{-4}$	$-2x^{-3}$	$-x^{-2}$	0	1	$2x$	$3x^2$	…

仔细看看，这似乎有点儿不对劲。幂函数的幂次依次增加，可是它们的微分却少了一个$\frac{1}{x}$项，这和我们习惯的数学对称格格不入啊！奇怪，这一定是哪里出了问题。

同样，我们来看幂函数的积分：

幂函数	…	x^{-3}	x^{-2}	x^{-1}	x^0	x^1	x^2	x^3	…
积　分	…	$-\frac{1}{2}x^{-2}$	$-x^{-1}$	$\ln x$	x	$\frac{1}{2}x^2$	$\frac{1}{3}x^3$	$\frac{1}{4}x^4$	…

当幂函数的幂次依次增加的时候，它们的积分并没有完全对称，在x的正、负1次幂之间出现了奇怪的$\ln x$，这就是自然对数啊！纳皮尔发明的对数表居然就是自然对数！$\frac{1}{x}$的积分函数居然就是自然对数函数$\ln x$，而这个奇怪的函数居然成为幂函数积分表排布的左右对称中间点！

如果我们在幂函数的微分表中的x^{-1}和x^0之间加入$\ln x$，下面一行对应位置会出现它的微分x^{-1}，这个表看起来就舒服多了，至少它们的幂次是依次变化的，没有突然升降。说到这里，我们似乎有点儿明白自然对数确实有它的自然属性，原来是在微积分中才能显示出来的自然需要。

你可能会争辩，这还是不够有说服力，因为以10为底的对数函数，也有差不多的表现，当然会有一些常数项上面的差异，这个比较只能说明对数函数是必要出现的一类函数。好，你说得有道理，但是你能否认自然对数函数是最简洁、最具数学美感的吗？

我们回来讲e这个数字。e到底是怎么来的呢？

和欧拉差不多同时代的数学家雅各布·伯努利提出了一个古怪的问题，这个问题与复利有关。假设你在银行里存了一笔钱，银行每年以100%的利率兑付这笔钱。那么一年后，你会得到（1+100%）×1=200%的收益，也就是原来的2倍。这很简单。

复利的增加是指数型的，非常迅猛。你一定还记得国际象棋格子里放麦粒，让国王破产的故事吧？（图3）第一格放一颗麦子，第二格放两颗麦子，第三格放四颗，接下来是八颗、十六颗……下一格是上一格的两倍。然后国王就傻眼了。贪心的你也希望多翻几番，如果银行每六个月结算一次利息，利息不变，你就有4倍的收益。不过银行的算盘打得比谁都精，银行说时间一半，利息也一半，也就是每半年只有50%的复利，

图3　国际象棋棋盘与棋子

这看上去没法反驳，对双方都很公平。在这种情况下，你一年后的收益为（1+50%）^{2}=2.25倍。这似乎隐含着增加收入的办法，而且一切都合情合理。

我们把时间切割成更小的单位，按月$\frac{100\%}{12}$=8.333%，按周$\frac{100\%}{52}$=1.923%。假设银行每月提供8.333%的复利息，或每周1.852%的复利息，你应该可以赚得更多。我们分别来计算一下。在这种情况下，一年后你会分别赚取投资的（1+8.333%）^{12}=2.61倍和（1+1.923%）^{52}=2.69倍。这样来看，确实多赚了！可是，似乎也没有多赚太多。

数学家会根据这个规律，形成一个通用的数学表达式。如果假设n为利息复利的次数，那么利率就是其倒数，一年后的收益为（$1+\frac{1}{n}$）^{n}。那么问题来了，如果n变得很大，这个数值会怎样呢？会一直大下去吗？如果n变得无限大时，（$1+\frac{1}{n}$）^{n}是否也会变得无限大呢？这就是伯努利的问题（图4）。

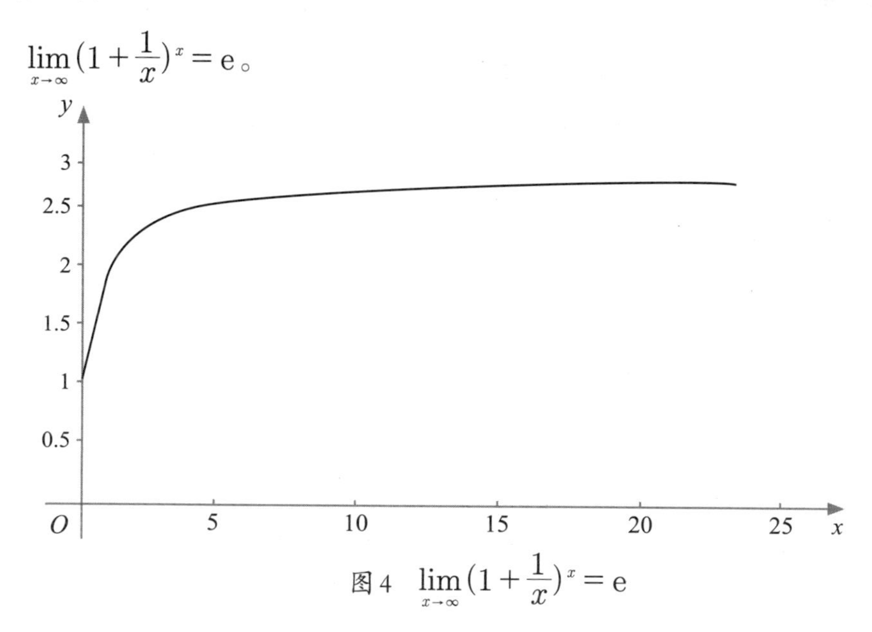

图4 $\lim\limits_{x\to\infty}(1+\frac{1}{x})^x=\mathrm{e}$

伯努利是一个数学家家族，出了十多位伟大的数学家，可是就这个问题他们家族内部成员没有找到答案。这个问题50年后才由欧拉最终搞明白。$(1+\frac{1}{n})^n$是一个单调上升的函数，n趋于无穷大时，$(1+\frac{1}{n})^n$并非也变得无穷大，而且2.718 281 828 459…是一个无理数。事实上，e的正式定义就是这个极限，这是一个类似于圆周率的无限不循环小数。1727年，欧拉首次用小写字母“e”表示该常数，此后e就成专用数学表达规范，被称为自然常数。e既是“指数”（exponential）的首字母，也是欧拉名字的首字母，有这两个理由就已经足够了。

连续复合型增长都有e的影子，其中每一微小周期的增长或衰减都微乎其微，而系统呈连续指数型变化，如植物的生长、动物种群的增长、地球人口增长、放射性衰变、产品的市场渗透、新闻的传播、疫病的传染、复合利息计算等数学模型中都能看到e。说到这里，e的自然属性是不是就挺自然的了？

自然常数还有其他定义的方法。

比如，将一个数分成若干等份，使其乘积为最大，应该怎么分？答案就是e，标准的回答是使得等分的各份尽可能接近e。比如，100平均分成几份，使得它们的乘积最大？换成数学表达就是把100分成n份，n是整数，使得$(\frac{100}{n})^n$达到最大。

由于$\frac{100}{e}\approx 36.788$。近似值取37份时，$(\frac{100}{37})^{37}$达到最大值。

这个证明起来稍微有点儿绕。我们知道$(1+\frac{1}{n})^n$的极限是e，$(1-\frac{1}{x})^x$的极限可以等价于$(1+\frac{1}{x})^{-x}$的极限，也就是$\frac{1}{e}$。理解这一点就好办了。

我们可以比较分成36份时的值，与分成37份时的值之间的差别。

比较大小，最常用的就是两者相除，看比值大于1还是小于1，就可以判断两个数的大小。这也是小学数学学习的方法，只不过这里相除的两个数有点儿奇怪而已。

$$\frac{(\frac{100}{37})^{37}}{(\frac{100}{36})^{36}}=\frac{100}{36}\times(1-\frac{1}{37})^{37}。$$

由前面的计算可以知道，$\frac{100}{36}$比e要大，而后面指数项非常接近于$\frac{1}{e}$，所以两者相除之后的值大于1，也就是说分成37份时的乘积要大于分成36份时的乘积。

还有一个例子。在0和1 之间随机选一个数，当然是一个小数啦！再随机选一个数与之相加。持续下去，使这个和大于1，平均需要选几个数？ 答案是e 个数。这里会涉及随机变量的概率分布和期望值的计算，就不介绍了，不过这个问题还是挺清晰明了的。

e当然可以按照数学严格的定义计算，即按（$1+\frac{1}{n}$）^{n}的极限一步一步来计算，有点儿麻烦，收敛到e值的速度有点儿慢。欧拉当年是按照下面这个公式来计算的：

$$e=\sum_{n=0}^{\infty}\frac{1}{n!}=\frac{1}{0!}+\frac{1}{1!}+\frac{1}{2!}+\frac{1}{3!}+\frac{1}{4!}+\cdots$$

这里的感叹号！是一个数学符号，$n!$指的是从1到n的自然数连续相乘。同时定义 0！ =1。∑是求和符号，数学家喜欢这样用，它的意思从等式中就能理解，一般都是一系列表达式的相加。由于$n!$增加非常快，因此这个计算公式的精度很高，效率也很高，而且这个等式看上去也很美、很和谐。

这样的连续相加等式并不是某个数学家突然想出来的，它来自高等数学里面一个叫泰勒公式展开式，这个公式使用起来可以让我们得到很多不是很直观，但是很实用、很奇特的等式。比如，对于圆周率，我们有：

$$\frac{\pi}{4}=1-\frac{1}{3}+\frac{1}{5}-\frac{1}{7}+\cdots$$

这个算式比用圆内接正多边形来计算 π 值的效率高得多，而且准确率也高很多。我们还有更复杂的展开式，如自然常数的展开式。

$$e^x=1+\frac{x}{1!}+\frac{x^2}{2!}+\frac{x^3}{3!}+\frac{x^4}{4!}+\cdots$$

$$\cos x=1-\frac{x^2}{2!}+\frac{x^4}{4!}-\frac{x^6}{6!}+\cdots$$

$$\sin x=x-\frac{x^3}{3!}+\frac{x^5}{5!}-\frac{x^7}{7!}+\cdots$$

这三个公式分别为其省略余项的麦克劳林公式，其中麦克劳林公式为泰勒公式的一种特殊形式。在 e^x 的展开式中，把 x 换成 $\pm ix$.

$$(\pm i)^2=-1,(\pm i)^3=\mp i,(\pm i)^4=1,\ldots$$

$$e^{\pm ix}=1\pm\frac{ix}{1!}-\frac{x^2}{2!}\mp\frac{ix^3}{3!}+\frac{x^4}{4!}\pm\cdots=(1-\frac{x^2}{2!}+\cdots)\pm i(x-\frac{x^3}{3!}+\cdots)$$

所以 $e^{\pm ix}=\cos x\pm i\sin x$。

由此 $e^{ix}=\cos x+i\sin x, e^{-ix}=\cos x-i\sin x$。

然后采用两式相加减的方法得到 $\sin x=\frac{e^{ix}-e^{-ix}}{2i},\cos x=\frac{e^{ix}+e^{-ix}}{2}$。

这两个公式也叫作欧拉公式。

将 $e^{ix}=\cos x+i\sin x$ 中的 x 取作 π 就得到：$e^{\pi i}+1=0$。

这个恒等式也叫作欧拉公式。它是数学里最令人着迷的一个公式，它将数学里最重要的几个数字联系到了一起，两个超越数：自然对数的底e，圆周率π；两个单位：虚数单位i和自然数的单位1；被称为人类伟大发现之一的0。数学家们评价它是“上帝创造的公式”。

通过泰勒公式展开式，欧拉公式理解起来也变得容易了。

我们再来聊聊$f(x)=e^x$这个奇怪的指数函数。它的微分和积分居然是不变的！它在每一个点的切线斜率就是它自己的值，它覆盖面积的大小也是它自己的函数值！是不是很神奇？而且这也是所有函数中唯一的积分和微分还是自己的函数（图5）。

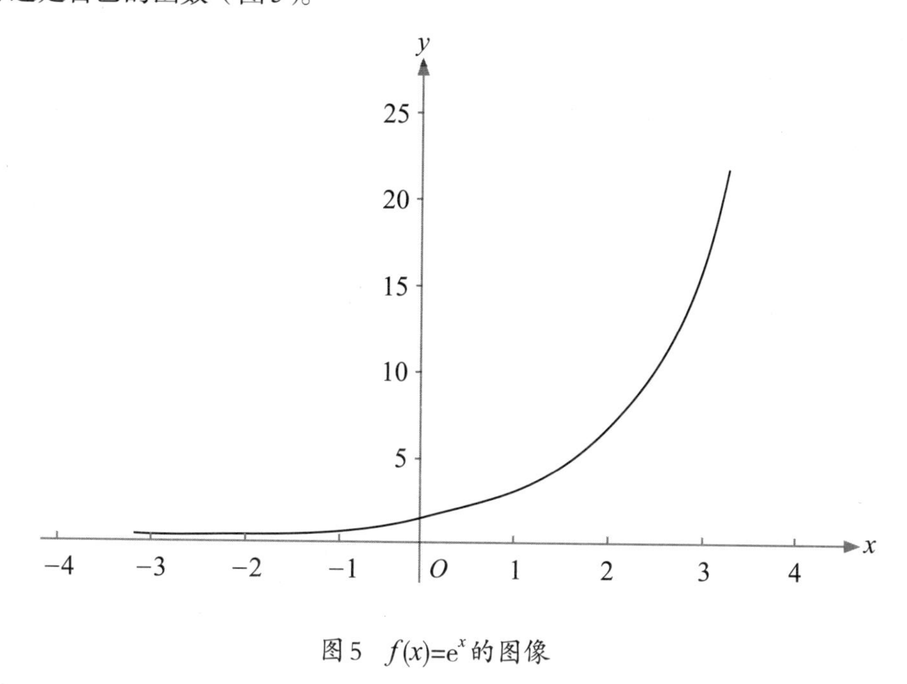

图5 $f(x)=e^x$的图像

这个函数还有一些奇怪而又神奇的变身，如$f(x)=e^{-x^2}$。

它的图像是这样的：

这个函数左右对称，像一口大钟。当它代表随机变量的正态分布密度函数时，用途非常广泛。因为正态分布是大自然里最广泛的一种分布，出现中间值的可能性大，出现边缘值的可能性小（图6）。

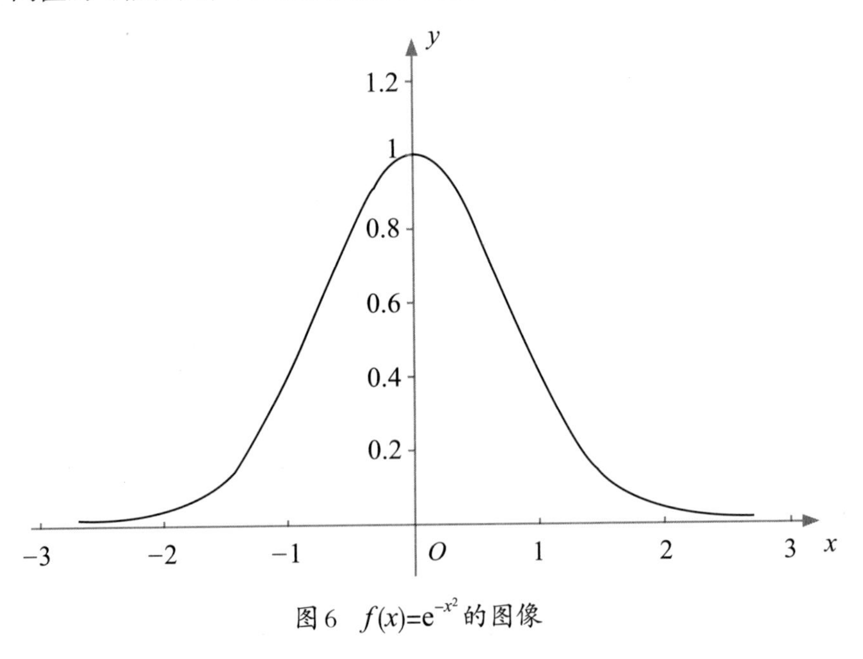

图6　$f(x)=e^{-x^2}$ 的图像

还有一类S形函数，最简单的函数形式是 $f(x)=\frac{1-e^{-x}}{1+e^{-x}}$。它的图像是这个样子的：

函数值夹在-1和1之间，所有有边界的扩散都是这个样子的。一开始速度很慢，慢慢地速度加快，快要充满时速度再次变慢。一个封闭区域生物总数量的变化、一个市场里某种产品的销售新增等都是这种模式（图7）。

如此看来，e 被称为自然常数，理由还是挺充足的。

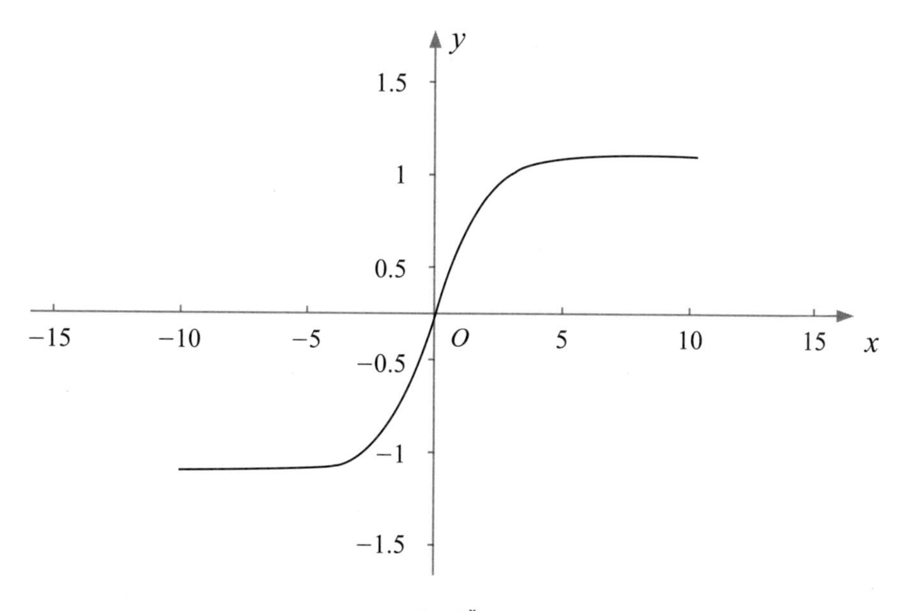

图7　$f(x)=\dfrac{1-e^{-x}}{1+e^{-x}}$的图像

12. 积沙成塔，集腋成裘

——让我们来做积木游戏

我们来做一个积木游戏。

桌子上有很多摆放整齐的积木，积木形状是正方形柱体，均匀光滑。在不触动其他积木的前提下，稳定、缓慢地向右移动最上面的积木到最远处而不翻掉下来。请问最远的位置是哪里？

这个问题很简单，会搭积木的幼儿园孩子都知道答案，应该是移动到一半的位置，第一块积木刚好一半在外面，一半在里面。这个时候第一块积木的重心刚好在边缘，再往右边一点点，就没有支撑了，积木就掉下来了。我们用尖三角图来模拟这块积木的平衡状态，尖点所指必须是重心所

图1　第一块积木移动示意图

在（图1）。

第二块积木再往右移动，保持与第一块积木相对位置不变。第二块积

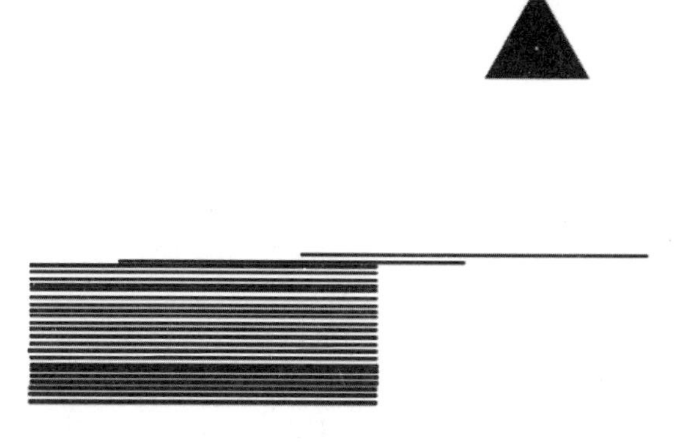

图2　第二块积木移动示意图

木能右移到哪里呢？（图2）

这时候第一块积木和第二块积木形成一个完整系统。两者合体之后的中心位置应该在一半的一半，也就是$\frac{1}{4}$点处，比较简单，也好理解。

第三块积木再向右移动，保持它和前面两块积木之间的相对位置不变，第三块积木能右移多远呢？第一反应应该是$\frac{1}{4}$的一半$\frac{1}{8}$，可是当右移

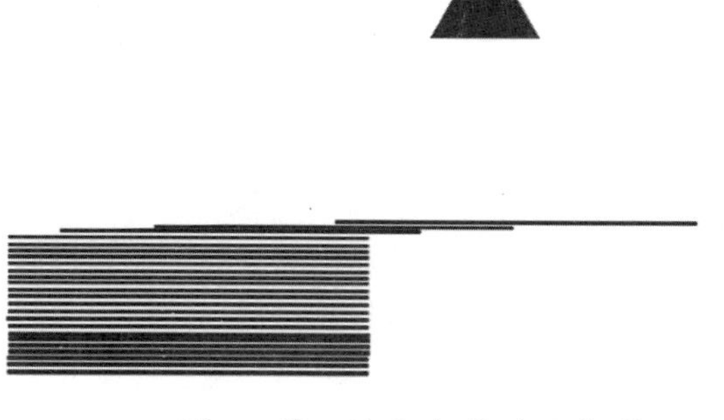

图3　第三块积木移动示意图

到$\frac{1}{8}$处时，发现还能往右移！（图3）

我们不妨先计算一下再实施，有了理论支持的实践就会摆脱盲目。三块积木一半的质量是$\frac{3}{2}$，在这个积木游戏中，由于积木均匀光滑，质量与长度之比是完全一致的，也就是说重心两边的长度之和应该是1.5。我们看重心右边积木的长度之和，先是第一块积木的$\frac{1}{2}$，然后是第一块积木和第二块积木的$\frac{1}{4}$。如果我们右移第三块积木的$\frac{1}{8}$，就应该累加第一、第二、第三块积木的$\frac{1}{8}$。我们加起来看：

$$\frac{1}{8}+(\frac{1}{8}+\frac{1}{4})+(\frac{1}{8}+\frac{1}{4}+\frac{1}{2})=\frac{11}{8}<1.5=\frac{12}{8}。$$

显然是没有到达重心的。我们还可以把第三块积木再往右挪动一点点而保持不掉下来，实际上是一直到$\frac{1}{6}$处，因为我们刚好有：

$$\frac{1}{6}+(\frac{1}{6}+\frac{1}{4})+(\frac{1}{6}+\frac{1}{4}+\frac{1}{2})=\frac{3}{2}。$$

$\frac{1}{8}$是第四块积木可以往右移动的极限，$\frac{1}{10}$是第五块积木可以往右移动的极限。一般而言，第n块积木可以往右移动$\frac{1}{2n}$，这可以用我们刚才计算重心的方法来验证。

如果你有足够的数学直觉的话，可以想到每次往右移动是以前移动过的所有积木一起往右移动。比如，第三块积木往右移动$\frac{1}{6}$，实际上是三块积木一起往右移动$\frac{1}{6}$，刚好是移动了$\frac{1}{2}$。第四块积木往右移动$\frac{1}{8}$，因为移动的一共有四块积木，也是总共往右移动了$\frac{1}{2}$。也就是说，第n块积木往右移动$\frac{1}{2n}$，因为累积移动n块，相当于往右移动总和的$\frac{1}{2}$，系统保持了平衡。

这样我们计算n块积木可以向右延伸的距离是：

$$\frac{1}{2}+\frac{1}{4}+\frac{1}{6}+\frac{1}{8}+\cdots+\frac{1}{2n}$$

$=\frac{1}{2}\times(1+\frac{1}{2}+\frac{1}{3}+\frac{1}{4}+\cdots+\frac{1}{n})$。

如果我告诉你这样的右移延伸距离可以无限大，你相信吗？

不可能吧？！这确实很难让人相信，不过它是真的。当我们有100块积木的时候，这个数字大约是2.588 7，也就是用100块积木，挪动99块，可以向右延伸大约积木长度的2.6倍。

当10 000亿块积木的时候，这个值是14.104 1。估计会让你想一会儿了，一是怎么可能超过积木长度的14倍呢？有点儿神奇啊！二是10 000亿是10的12次方，太阳到地球的距离大约是1.45亿千米，这些积木连起来，都可以从地球到太阳了！

一个比较数学化的描述是：调和级数是发散的。调和级数的英文是harmonic series，就是和谐的数列。还记得调和平均数的定义吗？就是下面这个样子的计算，名副其实的倒数平均值，看上去两者还是有一些相似的。

$$H_n=\frac{1}{\frac{1}{n}\sum_{i=1}^{n}\frac{1}{x_i}}=\frac{n}{\sum_{i=1}^{n}\frac{1}{x_i}}。$$

$$1+\frac{1}{2}+\frac{1}{3}+\frac{1}{4}+\frac{1}{5}+\frac{1}{6}+\cdots=\infty。$$

证明它是一个无穷大的数其实挺简单的，只需要求和比大小就行。

我们看这个和的构成，拆分一下。

$\frac{1}{3}+\frac{1}{4}>\frac{1}{2}$，

$\frac{1}{5}+\frac{1}{6}+\frac{1}{7}+\frac{1}{8}>\frac{1}{2}$，

$\frac{1}{9}+\frac{1}{10}+\frac{1}{11}+\frac{1}{12}+\frac{1}{13}+\frac{1}{14}+\frac{1}{15}+\frac{1}{16}>\frac{1}{2}$，

……

取前十六项、前八项、前四项、前两项……形成无数的段落，其中每一段的数字之和都比$\frac{1}{2}$大，无数个$\frac{1}{2}$的总和必定是无穷大的，只是它增大的速度越来越慢而已。

我们可以更加形象地在图4上看。调和级数之和就是函数$y=\frac{1}{x}$（$x>0$）的图像中无穷个单位矩形的面积之和，这个总面积趋近于无穷大。

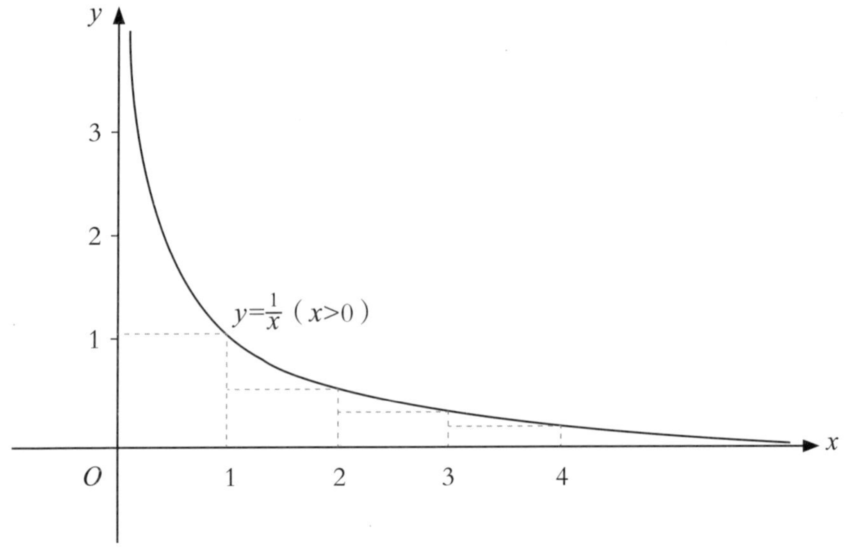

图4 $y=\frac{1}{x}$（$x>0$）的图像

学过一点点高等数学就知道，$\frac{1}{x}$的积分是$\ln x$。我们知道$\ln x$，当x趋近无穷大时，本身也是无穷大，这和我们上面的结论是一致的。

函数$H(n)=1+\frac{1}{2}+\frac{1}{3}+\frac{1}{4}+\cdots+\frac{1}{n}$和$\ln x$两者非常相似，有非常密切的关系。在函数的图像上，它们的形状几乎一样，除了一个是连续线条，另一个是点图，一个比另外一个大一点点（图5）。两者的差距随着x增大，越来越趋近于一个常数。这个常数大概是0.577 215 664 901 532…，是一个无理数，被称为欧拉常数。你可以简单地把这个差理解为矩形面积求和与完全面积值之间的误差，很有意思，这个误差是一个常数。

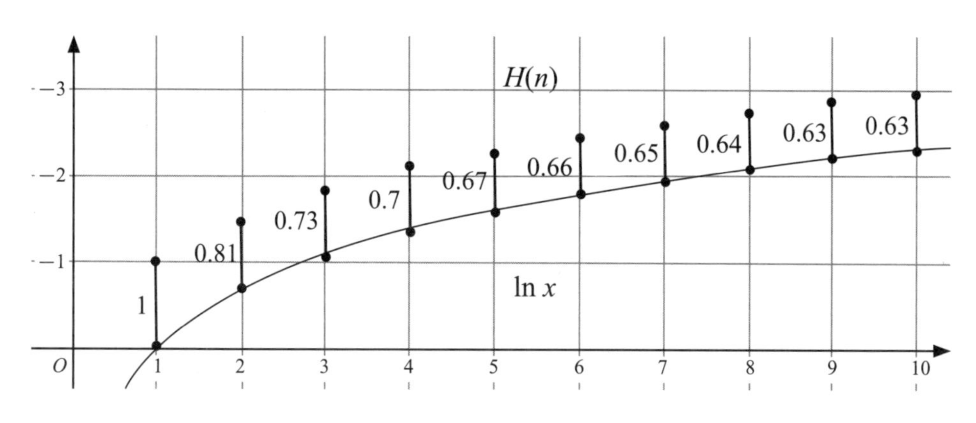

图5　$H(n)$和$\ln x$的对比图

现在我们知道了，积木条右展构成的弧形图案，实际上就是$H(n)$的函数图形，它近似于对数函数的图像。

对数函数是一个单方向递增函数，这很好理解。对数的增加又是非常缓慢的，它的增长率是$\frac{1}{x}$，x越大，增长速度越慢。细致地描述它慢到什么程度呢？它比任何幂函数x^{ε}都慢，ε是一无限小的正数。

我们这里画出来对数函数$y=\ln x$和$y=x^{0.5}$，$y=x^{0.4}$，$y=x^{0.3}$三个幂函数的图像（图6）。可以看到幂次越小，图像越平坦。当x不是很大的时候，对数函数的图像还夹在$y=x^{0.3}$和$y=x^{0.4}$的图像之间。实际上当幂次小于$\frac{1}{\mathrm{e}}=0.367\,879\,4\cdots$时，幂函数和对数函数有两个交点。

$y=x^{0.3}$和$y=\ln x$的交点在379右边一点点的地方，$y=\ln x$和$y=x^{0.2}$的交点大约在332 105处，$y=\ln x$和$y=x^{0.1}$的交点要到3 430 631 121 407 801处。不管指数多么小，只要是正数，$y=\ln x$就会在某一个地方开始小于这个幂函

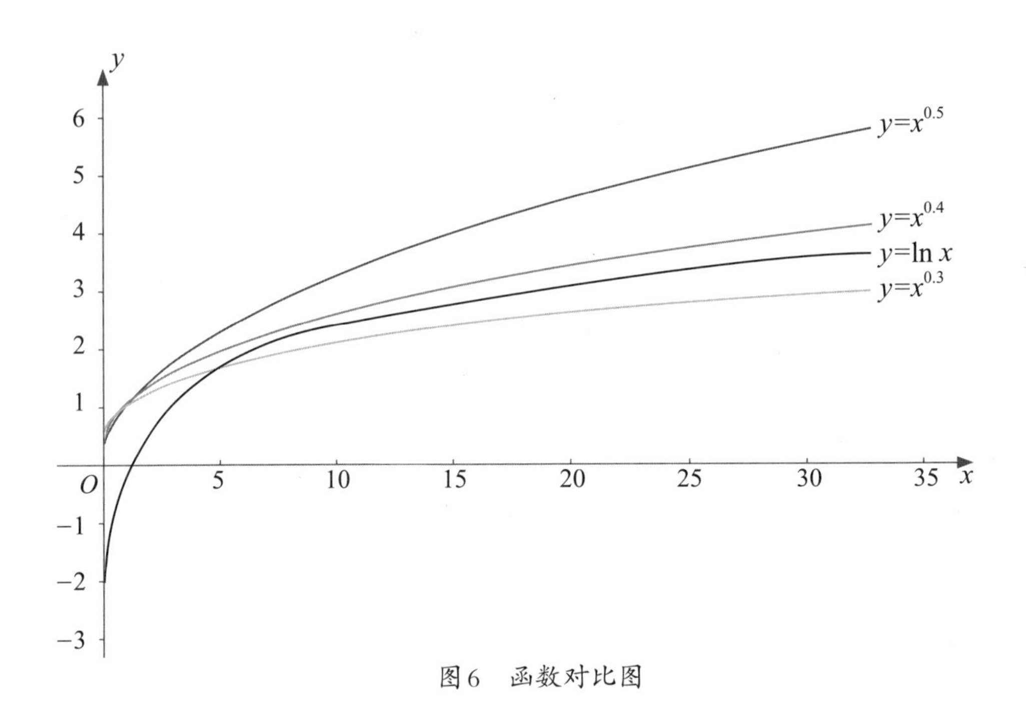

图6　函数对比图

数，而且从此之后，永远小于这个幂函数。

这就让事情变得有些奇怪了，因为可以推断出$y=(\ln x)^{1\,000}$还是要比任何幂函数$y=x^{0.1}$，$y=x^{0.01}$，$y=x^{0.001}$，$y=x^{0.000\,1}$增长得慢。$\ln x$的任意次幂最终增长的比x的任意次幂慢得多，$(\ln x)^n$的曲线最终都将落在x^{ε}的曲线之下，不管n多么大，也不论ε多么小。这个想象起来会有些头痛，但是千真万确。

调和级数的发散非常脆弱，稍微变化都会让这个级数收敛。比如，去掉任何分母里面有3的项，如$\frac{1}{3}$，$\frac{1}{13}$，$\frac{1}{23}$，…这个级数就收敛了。实际上，去掉任何一个固定模式的数字项，这个级数都收敛，比如去掉任何分母里面有233的项。

如果我们在调和级数每一个项的分母都加上 $1+\varepsilon$ 指数，其中 ε 是一个无穷小的正数，这个级数马上就乖乖地收敛，无论这个 ε 有多小，哪怕它是 $10^{-1\,000\,000\,000}$。

我们这一节讲的是积沙成塔，集腋成裘，就是这个意思。微小的变动可以构成无穷大的累积，很多时候会超出我们的直觉，然而数学又会为我们找到精确的描述，让我们完整全面地理解这个世界的奇妙。

13. 冰雹数

——竖闪冒得来，横闪防雹灾

我们这次来讲一个有名的冰雹数猜想。

夏天酷热，湿度高，当早晚温差大，又有强上升气流时，常常会形成冰雹天气，甚至冰雹灾害。南方有俗语说：竖闪冒得来，横闪防雹灾。意思是说，雷闪自上往下打向地面，也就是下雨而已；如果雷闪在高空的云团之间往返，那就要小心冰雹了。数字怎么可以像冰雹呢？其实这是一个形象的比喻，剧烈变化的数字像冰雹在雷暴云中疯狂地上下翻滚，但最终还是落到地面上。

这个猜想是由德国数学家科拉茨在20世纪30年代提出来的（图1）。这位以同名猜想而著名的数学家生于德国阿恩斯堡，卒于汉堡。1935年获柏林大学博士学位，1943年任汉诺威工业大学教授，1952年任汉堡大学应用数学研究所所长，1980年成为德国哈雷自然科学院院士。

这个猜想被称为科拉茨猜想，又被称为$3x+1$猜想、角谷猜想（角谷静夫曾研究）、锡拉丘茨猜想（因为数学家哈斯在雪城大学的著名演讲）、乌拉姆难题（因为乌拉姆试图解决而未有结果）、斯韦茨猜想（因为布莱恩-斯韦茨爵士悬赏）、哈斯算法（以数学家赫尔穆特-哈斯命名）等。名字这么多，可以想象这个猜想是多么受人关注。确实，这是一个看起来很简单，连小学生都能懂的猜想，但到今天已经将近90年了，那么多世界顶尖数学家都还没有完全解决这个问题。猜想的内容是这样的：

任选一个整数，如果是奇数，就乘3加1；如果是偶数，就除以2。所得数字再如此循环。猜想说所有整数计算的最终结果都会是4–2–1循环。计算得到的数字也被称为冰雹数。

图1　科拉茨

为了更好地理解，我们先看一个例子。比如，我们选定100 这个整数，应用冰雹数猜想的算法，在平面直角坐标系中画出来，会得到这样一幅图（图2）。

100是偶数，除2得50。50 还是偶数，除2得25。25 是奇数，乘3加1得76。如此往下计算，具体数据见表1。我们可以发现，计算到第25步就达到了1。如果非要继续计算，1是奇数，乘3 加1得4。4是偶数，除2得2。2再除2，又回到1。我们可以把1当作触底数。

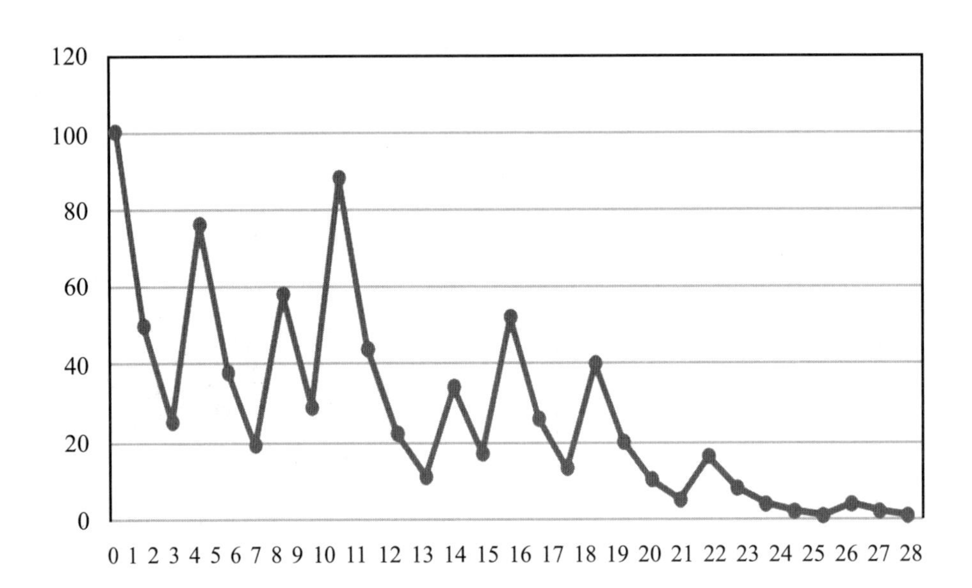

图2　100开始的冰雹数

表1

计算顺序	0	1	2	3	4	5	6	7	8	9	10	11	12	13	14
冰雹数	100	50	25	76	38	19	58	29	88	44	22	11	34	17	52
计算顺序	15	16	17	18	19	20	21	22	23	24	25	26	27	28	
冰雹数	26	13	40	20	10	5	16	8	4	2	1	4	2	1	

从这组数据的变化来看，数据变化是随机的，趋势并不是那么明显。我们先来看看为什么这个计算一定会导致数字触底，也就是说整个数字序列是收敛的。我们在这里可以做一个定性分析。注意这并不是严格的数学证明哦。

任何一个整数只有两种可能性，奇数或者偶数。最不好的情形是奇数。假设数字k是这个奇数，则下一个数字$3k+1$肯定是偶数，再下一个数一定是$\frac{3k+1}{2}$，这两步计算的结果使得数字被放大了。如果考虑多次计算，而且数字比1大较多（对接近1的数字直观计算就可以说明是收敛的），我们先粗略地认为数字被乘$\frac{3}{2}$。

我们仔细地想一想数字序列中一个奇数到下一个奇数的变化过程，奇数不可能和奇数相邻。因为乘3并加1之后，肯定会得到一个偶数。但是偶数和偶数是有可能相邻的。上面例子中的100，50就是相邻的两个偶数，这是因为偶数中有可能有多于两个2的因数。

$3k+1$这个偶数有50%的可能性除以2会再得到一个奇数，但是有25%的情况，可以在得到下一个奇数之前除以4，所以有$\frac{1}{4}$的数字，序列中的下一个奇数数字将是其初始值的$\frac{3}{4}$。有12.5%的情况，可以在得到下一个奇数之前除以8，下一个奇数是前值的$\frac{3}{8}$。继续分析，有$\frac{1}{16}$的情况，可以在得到下一个奇数之前除以16等。

还记得算术平均数和几何平均数之间的区别吗？如果数字序列用某一个常数将数字序列中的每一个数替换，形成的新数列与旧数列等效，这个常数就是数列的平均数，此时必须使用算术平均。我们在计算数列平均变化率的时候，必须使用算术平均。

这里我们用算术平均计算如下。

$$\left(\frac{3}{2}\right)^{\frac{1}{2}}\left(\frac{3}{4}\right)^{\frac{1}{4}}\left(\frac{3}{8}\right)^{\frac{1}{8}}\left(\frac{3}{16}\right)^{\frac{1}{16}}\left(\frac{3}{32}\right)^{\frac{1}{32}}\left(\frac{3}{64}\right)^{\frac{1}{64}}\cdots$$

这个式子看上去挺难计算，不过我们有简单的办法可以把它取对数后变成数列之和。

$$\frac{1}{2}\ln\frac{3}{2}+\frac{1}{4}\ln\frac{3}{4}+\frac{1}{8}\ln\frac{3}{8}+\frac{1}{16}\ln\frac{3}{16}+\frac{1}{32}\ln\frac{3}{32}+\frac{1}{64}\ln\frac{3}{64}+\cdots$$

$$=\frac{1}{2}(\ln 3-\ln 2)+\frac{1}{4}(\ln 3-\ln 4)+\frac{1}{8}(\ln 3-\ln 8)+\frac{1}{16}(\ln 3-\ln 16)+\cdots$$

$$=\ln 3\left(\frac{1}{2}+\frac{1}{4}+\frac{1}{8}+\frac{1}{16}+\cdots\right)-\left(\frac{1}{2}\ln 2+\frac{2}{4}\ln 2+\frac{3}{8}\ln 2+\frac{4}{16}\ln 2+\frac{5}{32}\ln 2+\cdots\right)$$

$$=\ln 3-\ln 2\left(\frac{1}{2}+\frac{2}{2^2}+\frac{3}{2^3}+\frac{4}{2^4}+\frac{5}{2^5}+\cdots\right)$$

$$\begin{aligned}=\ln 3-\ln 2\Big(&\frac{1}{2}+\frac{1}{2^2}+\frac{1}{2^3}+\frac{1}{2^4}+\frac{1}{2^5}+\frac{1}{2^6}+\cdots+\\ &\frac{1}{2^2}+\frac{1}{2^3}+\frac{1}{2^4}+\frac{1}{2^5}+\frac{1}{2^6}+\frac{1}{2^7}+\cdots+\\ &\frac{1}{2^3}+\frac{1}{2^4}+\frac{1}{2^5}+\frac{1}{2^6}+\frac{1}{2^7}+\cdots+\\ &\frac{1}{2^4}+\frac{1}{2^5}+\frac{1}{2^6}+\frac{1}{2^7}+\cdots+\cdots\Big)\end{aligned}$$

$$=\ln 3-\ln 2\left(1+\frac{1}{2}+\frac{1}{4}+\frac{1}{8}+\frac{1}{16}+\cdots\right)$$

$$=\ln 3-2\ln 2$$

$$=\ln\frac{3}{4}。$$

所以原算式的值是$\frac{3}{4}$。

关于$\sum_{n=1}^{\infty}\frac{n}{2^n}$的计算，还有一个非常巧妙的方法证明。这个证明太美妙了，我实在忍不住，一定要在这里讲一下。我们假定$S=\sum_{n=1}^{\infty}\frac{n}{2^n}$，有

$$\frac{S}{2}=\sum_{n=1}^{\infty}\frac{n}{2^{n+1}}$$
$$=\sum_{n=1}^{\infty}\frac{n+1}{2^{n+1}}-\sum_{n=1}^{\infty}\frac{1}{2^{n+1}}$$
$$=S-\frac{1}{2}-\frac{1}{2}。$$

所以有$S=2$。怎么样？是不是出乎意料的简单？哈哈！就像是问题自带解决方法。

经过我们上面的计算，从一个奇数到下一个奇数，平均变化率为$\frac{3}{4}$，这是一个小于1 的分数，所以从统计意义上讲，冰雹数列是必定要变小的，冰雹总要落地。数学家已经证明冰雹数列的变化模式是随机的。

为什么我们这些定性的讨论不能证明所有的冰雹数列都收敛呢？注意我们的分析过程只是统计意义上成立的，所谓统计意义就是说不符合的数字随着样本的增多会趋向于0。趋向于0并不是等于0，低概率事件是完全可能发生的。这样说还有点儿抽象，我们这里有一个例子。

比如，整数中的质数个数，1~100有25个，101~200有21个，201~300有16个，310~400有17个。数字越大，质数越稀疏。考虑1~10 000，质数所占的比例大约是12.29%；考虑1~1 000 000，质数所占的比例大约7.85%；1~1 000 000 000，质数所占的比例大约是5.08%。很明显，随着数字的增大，质数所占的比例变小。其实数学家已经证明1~x之间的质数的密度大约就是$\frac{1}{\ln x}$，这是一个随着x增加而趋近于0的数值。质数的密度趋近于0，你无论如何也不能说质数不存在吧？

如果这个例子还不够，我们再来看一个数学故事。这就是数学史上有名的波利亚猜想。这个猜想让所有的数学家从此对不能完全证明的命题始

图3 波利亚

终保持清醒。

波利亚（图3）在1919年提出：对每个$x>1$，在不超过x的正整数中，含有奇数个质数因数（不一定是不同的）的整数个数不少于含有偶数个质数因数的整数个数。

这是一个非常深的陷阱，数学家们在没有计算机辅助的时候，所有的手工计算都证明这个命题是对的。你也可以简单算算，比如20以内的正整数，我们看它们的因数个数。

$18=2\times3^2$：3个质数因数，奇数个质数因数

$16=2^4$　　：4个质数因数，偶数个质数因数

如此计算因数个数的奇偶，我们最后的统计结果：

含有奇数个质数因数的整数：20，19，18，17，13，12，11，8，7，5，3，2，一共有12个。

含有偶数个质数因数的整数：16，15，14，10，9，6，4，1，一共有8个。

在相当长的时期里，人们都认为波利亚猜想是正确的，只是无法证明而已。

1958年，哈兹尔格罗夫才从理论上证明了存在着无穷多个反例。直到

1962年数学家莱曼才找到了一个反例：906 180 359。在0~906 180 359统计，拥有偶数个质数因数的数字多于拥有奇数个质数因数的数字。一个大于9亿的神奇数字，最后完全彻底推翻了波利亚猜想。

数学就是这样，严格的证明远远比直觉和常识要重要。数学家痴迷于证明，对不能严格证明的东西抱有不可跨越的怀疑态度。

关于科拉茨猜想目前最好的证明是华裔数学家陶哲轩作出的。他在2019年证明了几乎所有的冰雹数最终都会小于任意函数$f(x)$，只要该函数在x趋向无穷大时也趋向无穷大。但是这个函数可以增长得非常慢，如$y=\ln x$或者$y=\ln\ln\ln x$。这意味着对于几乎所有的数字序列中，可以保证在其序列中有一个任意小的数字。这意味着任意大的数字开始的冰雹数列，都可以找到任意小的数字，你知道这意味着什么？很可惜，问题还是没有完全解决，不过这已经非常接近科拉茨猜想的完整证明了。

我们再看一个冰雹数列，体会一下它的复杂。选27作为开始的整数，这并不是一个大数字，不过它产生的冰雹数列比较复杂多变。它在第77步的时候达到9 232，一直需要计算111步才到达1，而和它相邻的数字却并不一定有这样的复杂度，比如26就很简单，手算都能算清（图4）。

我们可以把这些数字想象成高度（如以米为单位），所以像27这样的数字开始的冰雹数列最高时离地面9 000多米，这个高度已经比珠穆朗玛峰的海拔高了！

为了更好地理解这个问题，我们可以倒过来思考。比如，我们来研究：如果对正整数k按照上述计算规则施行变换后的第8项为1，则k的所有可能的取值是什么？

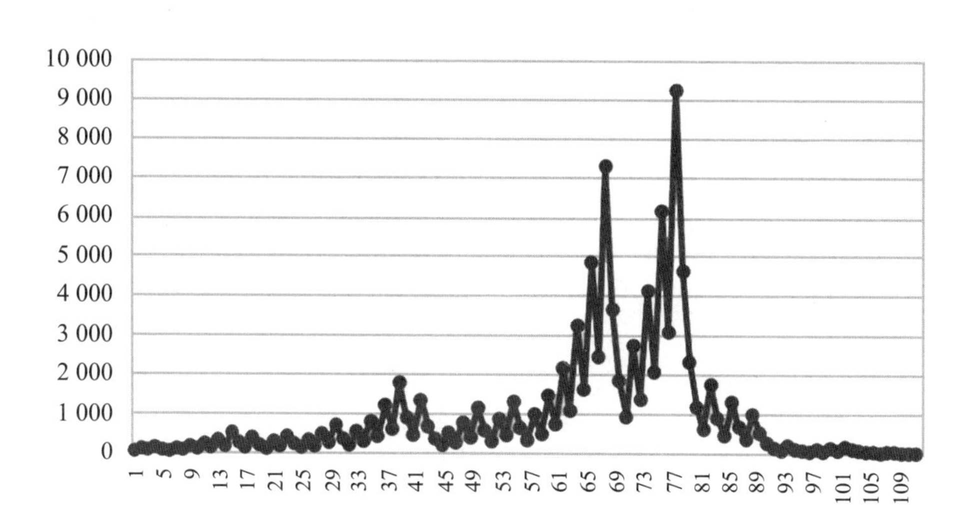

图4　27开始的冰雹数列

反过来推算，如果正整数k按照上述规则施行变换后的第8项为1，则变换中的第7项一定是2；变换中的第6项一定是4；变换中的第5项会复杂点儿，可能是1，也可能是8。

这里先假定1是可以重复出现的。变换中的第4项可能是2，也可能是16；如果变换中的第4项是2时，变换中的第3项是4，变换中的第2项是1或8，变换中的第1项是2或16；如果变换中的第4项是16时，变换中的第3项是32或5，变换中的第2项是64或108，变换中的第1项是128，21或20，3。可以看出k的所有可能取值为2，3，16，20，21，128。

我们把这些数字画成图形，可以得到一个从1 开始的大树。每一个节点，其左边的枝条直接是其2倍值，右边的枝条是奇数的3倍加1所得。这里我们可以把重复的1去掉，因为这只是一个循环，并没有产生新的整数（图5）。

可以想象，如果冰雹猜想成立，从1开始的这棵树无限制地往上长，将覆盖所有的自然数。这是一个多么令人惊奇的情景！在无穷的自然数集合中，就是找不到一个可以无限变大的冰雹数列，也找不到4-2-1除此之外可以自成一个封闭集合的循环冰雹数列。如果我们发现任何一个不同于4-2-1的冰雹数列循环，也意味着这个猜想是错误的，因为这就意味着不是所有的冰雹数列都会收敛到1。

如果你知道加入负数概念之后很容易就可以找出三个循环冰雹数列，

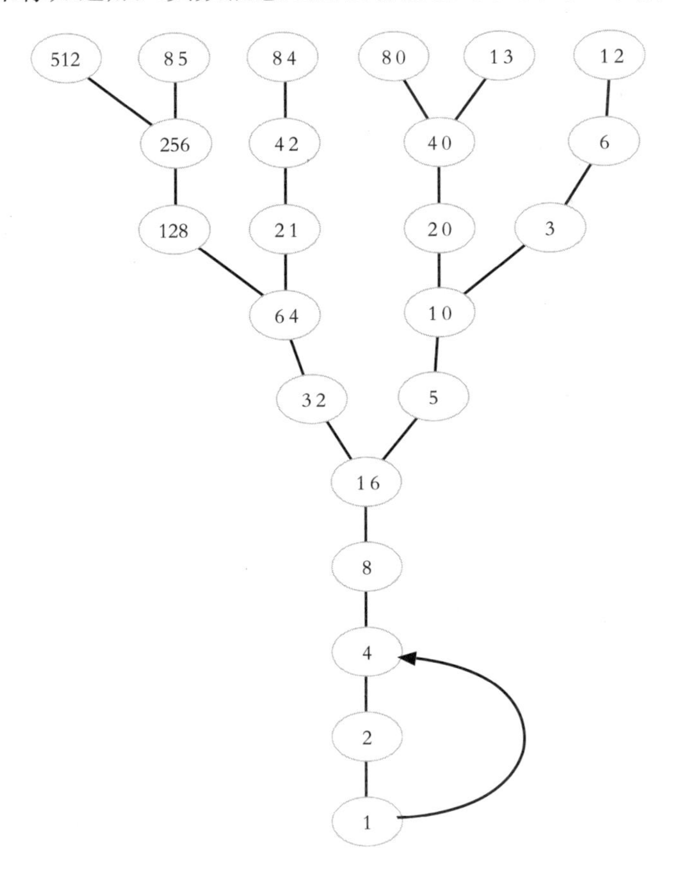

图5　冰雹数列树状图

你会不会觉得更加不可思议呢？我们简单地把奇数偶数的概念推广到负数域，再考虑科拉茨计算，会在小数字中很快发现三个冰雹数循环。

（–2）–（–1）–（–2）；

（–5）–（–14）–（–7）–（–20）–（–10）–（–5）；

（–17）–（–50）–（–25）–（–74）–（–37）–（–110）–（–55）–（–164）–（–82）–（–41）–（–122）–（–61）–（–182）–（–91）–（–272）–（–136）–（–68）–（–34）–（–17）。

唯一要注意的是$3x+1$计算时的正负号别算错。

我们都知道数学家对对称是非常着迷的，几乎所有的场合，数学都表现出对称的美。那么为什么负整数很容易就找得到多于一个的循环冰雹数列，而正整数中就是找不到呢？你能想象数学家对这个现象会是多么沮丧。

借助于现代计算机，据说数学家们目前已经尝试268以下的数字验证，全部都满足科拉茨猜想。不过数学家们有波利亚猜想的前车之鉴，在没有完整证明猜想之前，仍然在寻找反例。

计算机给出了一些有趣的事实。比如，它找到了目前最长的冰雹数列：某个15位数的冰雹数列共有1 820个数字。有数学家证明，如果有一个反例，那么必须有一个至少包含275 000个数的循环。这其实并没有证明什么，只是提醒数学家，人工构造或寻找反例几乎是不可能的事情。

说了半天科拉茨猜想，你可能会认为这只是数学家们喜欢的一个有趣的问题，没有什么实际的用处。这回你还真不对，这个猜想还真有实际的用处。数学家们统计每一个冰雹数列数字的第一位数，与我们的直觉不同，得到了一个很有趣的分布（单位：%）（图6）。

这是统计了小于10亿数字开始的是10亿个冰雹数列之后的份额。在

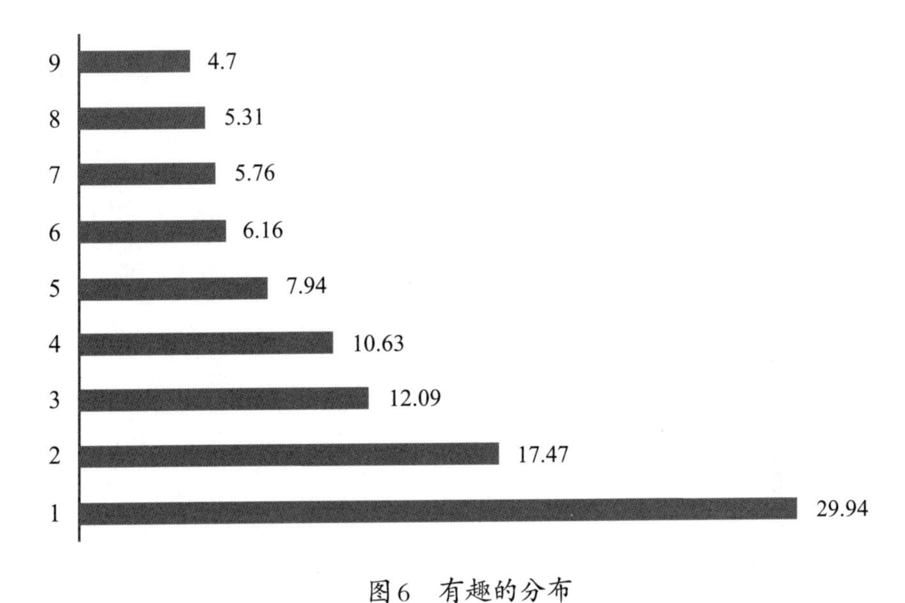

图6　有趣的分布

统计过程中，我们能看到统计图形越来越稳定。以某个数字开头，我们的直觉是，分布应该是平均的，某个数字似乎没有什么理由会有优先级，会出现更高的频率，但事实不是这样。从统计的数据上看，以1开始的数字占比最多，约为30%。以2开始的数字排第二，约为17%。以下数字越小，所出现的次数相对越少。

这种现象过去并没有人注意。自从这个统计分布出现之后，人们又发现菲布拉契数列的数字首位也符合这个分布，质数的首位数字统计也符合这个分布。几乎所有日常生活中没有人为规则的统计数据都满足这个分布

规律。比如，世界各国人口数量、各国国土面积、账本财务数据、税务纳税数据、放射性半衰期等数据的首位数字居然都符合这个分布。更值得一提的是，科学家还发现，统计物理的三个重要分布，玻尔兹曼-吉布斯分布（Boltzmann-Gibbs分布），玻色-爱因斯坦（Bose-Einstein分布），费米-狄拉克分布（Fermi-Dirac分布），也基本上满足这个分布规律。

物理学家本福特对这个分布在实际生活中的广泛出现作出了创造性的贡献，故这个分布也被称为本福特定律。它指的是在数据中，以1为首位的数的出现概率约为总数的$\frac{1}{3}$，是平均值$\frac{1}{9}$的3倍。而且越大的数字，以它为首位的数出现的概率就越低。注意这个定律不适用于人为规定的东西，如手机号码；也不适用于跨度较小的数据集，如人类的身高。

最有趣的应用是在财务数据造假的识别上。2001年，美国最大能源交易商、年收入破千亿美元的安然公司宣布破产，同时社会上流出该公司财务数据造假的传闻。于是，有人用本福特定律对安然公司公布的财务报表进行了检验。

检验发现，数字1，8，9出现的概率相比本福特定律预测明显偏大，数字2，3，4，5，7又明显偏小。这意味着，安然公司非常可能存在财务数据造假。经过调查，安然公司被认定账务数据造假，本福特定律被法庭认定为财务数据造假的证据。

数据造假是造假人处于欺诈目的篡改自然数据，这就很容易与本福特定律预测数据产生偏差。一两个数据不足以说明问题，但长时间大量数据的统计偏差就足以指证造假的行为。

另外一个应用是密码领域。人类语言数据符合本福特定律。密码通信中如果编码符合本福特定律，密码的安全性就会下降很多，因为人们可以根据本福特定律来反推数字所代表的意义。比如，发现代表十个数字的密码出现的分布规律，我们就很容易理解密码所代表的实际数字。为获得更好的保密性，密码专家会设计出完全找不出任何维度数据分布规律的编码方法，这样即便有长时间的通信数据积累，依然不会为破译方提供任何头绪。

参考书目

1. 谈祥柏. 数学不了情. 北京：科学出版社，2010.
2. 张景中. 数学杂谈——张景中院士献给数学爱好者的礼物. 北京：中国少年儿童出版社，2005.
3. 吴军. 吴军数学通识讲义. 北京：新星出版社，2021.
4. 韩启德. 十万个为什么（第六版）. 北京：少年儿童出版社，2014.
5. [美] 丹尼斯・米都斯等. 增长的极限——罗马俱乐部关于人类困境的研究报告. 李宝恒，译. 长春：吉林人民出版社，1997.
6. [美] 泽布罗夫斯基. 圆的历史：数学推理与物理宇宙. 李大强，译. 北京：北京理工大学出版社，2003.
7. [美] 克利福德・皮寇弗. 数学之书. 陈以礼，译. 重庆：重庆大学出版社，2015.
8. [美] 西奥妮・帕帕斯. 数学丑闻——光环底下的阴影. 涂泓，译. 上海：上海科技教育出版社，2008.
9. [韩] 崔相壹. 小偷也要懂牛顿. 王慧心，译. 北京：中国青年出版社，2009.
10. [法] 米卡埃尔・洛奈. 万物皆数：从史前时期到人工智能，跨越千年的数学之旅. 孙佳雯，译. 北京：北京联合出版公司，2018.
11. [美] 阿尔弗雷德・S. 波萨门蒂尔，[德] 英格玛・莱曼. 精彩的数学错误. 李永学，译. 上海：华东师范大学出版社，2019.

12.[日] 小宫山博仁. 数学定理的奇妙世界. 张叶焙，王小亮，译. 北京：人民邮电出版社，2020.

13.[英] Marcus du Sautoy. 神奇的数学：牛津教授给青少年的讲座. 程玺，译. 北京：人民邮电出版社，2013.

14.[美] 爱德华·沙伊纳曼. 美丽的数学. 张缘，译. 长沙：湖南科学技术出版社，2020.

15.[俄] Б.А.柯尔捷姆斯基. 莫斯科智力游戏——359道数学趣味题. 叶其孝，译. 北京：高等教育出版社，2009.

16.[美] 约翰·德比希尔. 素数之恋：黎曼和数学中最大的未解之谜. 陈为蓬，译. 上海：上海科技教育出版社，2008.

17.[意] 保罗·乔尔达诺. 质数的孤独. 文铮，译. 上海：上海译文出版社，2011.